Georg A. Radtke

LEHRMEISTER BÜCHEREI

Domestizierte Prachtfinken

Wissenswertes über Haltung und Zucht, über die Vererbung der Farben und das Ausstellungswesen

15 Farbfotos, 14 Schwarzweißfotos und vier Abbildungen

APV
Albrecht Philler Verlag Minden

Bildnachweis

Umschlagbild: Links: Schwarzbrust-Hellrücken (Männchen)
Rechts: Grauer Zebrafink (Männchen)

Alle Farb- und Schwarzweißfotos: Günther Oppenborn
Zeichnungen: Hermann Heinzel

Satz und Druck: Albrecht Philler Verlag, Minden
Bindearbeiten: Heinrich Altvater KG, Minden-Todtenhausen
ISBN 3 7907 1308 2

Inhaltsverzeichnis

Vorwort

Wie unter den Papageienartigen (Wellen-, Nymphensittiche usw.), unter den Finken (Kanarien), so gibt es auch in der großen Gruppe von Pracht- oder Webefinken einige Arten, die als voll domestiziert gelten. Sie werden bereits so lange in der Obhut des Menschen gehalten und vermehrt, daß sie zu richtigen Haustieren geworden sind. Nichts anderes bedeutet nämlich Domestikation (domus lat. = Haus). Unter diesen domestizierten Prachtfinken sind sogar die Japanischen Mövchen und Reisamadinen in ihrer Entwicklung zum Haustier – vielleicht sollten wir besser zum „Hausvogel" sagen – weitaus älter als z. B. die Kanarienvögel und Wellensittiche. Der Zebrafink ist in seiner evolutionären Entwicklung vom Wildvogel zum verschiedenfarbigen Hausvogel eine weitaus jüngere Art unter den domestizierten Prachtfinken.

Bis zur Mitte dieses Jahrhunderts wurden diese Arten überall in der Welt entweder nur in wenigen Paaren innerhalb einer Prachtfinkensammlung verschiedener anderer Arten gehalten und gezüchtet oder, wie die Japanischen Mövchen seit Jahrhunderten in China und Japan, in der Hauptsache als Ammen zur Aufzucht heikler Prachtfinkenarten.

Erst mit dem wachsenden Interesse an der Herauszüchtung und Weiterentwicklung der verschiedenen Farbspielarten in Verbindung mit neu erscheinenden Mutationen, deren Kombinationen und Kreuzungen, begannen sich mehr und mehr Züchter in nahezu allen Kulturländern auf diese Arten zu spezialisieren und schließlich auch auf den Vogelausstellungen miteinander in Wettbewerb zu treten. Seither hat die Liebhaberei der Haltung und Zucht von domestizierten Prachtfinken einen raschen Aufstieg erlebt und die kleinen bunten Vögel, die nicht viel Platz benötigen und in der Pflege verhältnismäßig anspruchslos sind, haben in vielen Züchterstuben und privaten Heimen, wie nicht zuletzt auch auf den Vogelausstellungen, ihren festen Platz eingenommen. Es wurde daher erforderlich, ihnen auch im Rahmen der Lehrmeister-Bücherei ein eigenes kleines Handbuch zu widmen, um Anfängern wie Fortgeschrittenen alte und neue Erfahrungen mit dieser interessanten Vogelgruppe in die Hand zu geben.

Eine Gelegenheit, dieses Thema zu überarbeiten und neue Erkenntnisse aufzunehmen, bot die anstehende Neuauflage. Auch der Umfang des Kunstdruckteiles konnte gegenüber der vorigen Auflage verdoppelt werden, so daß weitere Neuzüchtungen im Bild gezeigt werden können.

Wohltorf, 1977 und 1983 Georg A. Radtke

Vorwort zur 5. Auflage

Seit Erscheinen der vorangegangenen Auflagen hat sich insbesondere die Farbenzucht der Schau-Zebrafinken bezüglich Neumutationen und deren Kombinationen so rasant weiter entwickelt, daß eine vollständige Neubearbeitung speziell dieses Kapitels im Interesse der Leser notwendig wurde.

Für viele Prachtfinkenzüchter hat sich der Zebrafink inzwischen zum bevorzugten Experimentier- und Schauvogel entpuppt. Innerhalb der beiden führenden deutschen Züchter-Organisationen AZ und DKB wurde eine Arbeitsgemeinschaft zur Förderung der Zebrafinken-Zucht gebildet, die sogar einen eigenen Auto-Aufkleber schuf und im übrigen auch auf internationaler Ebene eng mit ähnlichen Organisationen in Holland und Belgien zusammenarbeitet. Es ist dem Philler-Verlag zu danken, daß er solche Bestrebungen mit dieser Neubearbeitung unterstützt.

Wohltorf, 1985 Georg A. Radtke

Der Zebrafink

Eigentlich ist er weder ein Fink noch hat er mit dem Zebra etwas zu tun. Mit ungefähr 11 cm Länge ist er der kleinste, zugleich aber farbenfreudigste der bisher domestizierten Prachtfinken. Den Namen erhielt er von der zebraartigen schwarzweißen Streifenzeichnung, die von der Kehle des Männchens quer zum Körper verläuft und sich bis zum Gefieder der Vorderbrust erstreckt. Dort wird die „Zebrazeichnung" begrenzt von einem breiteren schwarzen Querband, das von Flanke zu Flanke im Bogen verläuft. Seine Unterseite ist fast rein weiß, die Oberseite schiefergrau bis bräunlichgrau mit schwärzlicher Schuppung am Oberkopf und beigebraunen Flügelsäumen. Die Wangen zeigen rostrote rundliche Flecke, nach vorn abgegrenzt durch einen vom Auge abwärts verlaufenden schwarzen Strich, einen „Zügel", wie der Ornithologe sagt, während sich unter Zebrafinkenspezialisten der Ausdruck „Tränenstrich" für diese Art der Zeichnung durchgesetzt hat. Die Flanken zieren etwa vom Flügelbug bis zum Vorderrumpf rostrote Federn, mit feinen weißen Tupfen besät. Die Schwingen sind grau, die Schwanzfedern schwarz, jedoch reichen die schwarzweiß gebänderten Oberschwanzdecken bis fast zum Schwanzende, wodurch der Zebrafink auch am Hinterteil Merkmale seines Namens trägt.

Dem Weibchen fehlen die Zebrazeichnung an der Brust, die farbigen Wangenflecke und die Flankenzeichnung. Seine Unterseite ist eher cremefarben als weiß. Es ist also wesentlich schlichter gefärbt, wenn es auch die übrigen Zeichnungsmerkmale wie das Männchen zeigt. Die beschriebene Anordnung der Gefiederzeichnung, auf die bei den einzelnen Musterbeschreibungen noch genauer eingegangen wird, kehrt bei allen bislang bekannt gewordenen Domestikationsmutationen, mit Ausnahme der rein Weißen, in mehr oder weniger abgewandelter Form wieder. Im übrigen variiert auch der freilebende Zebrafink unbelastet der Mutationsbildung stark in der Gefiederschattierung von Grau bis

Braun oberseits, von Weiß bis Hellbraun unterseits, sowie in der Ausdehnung und Anordnung der Zeichnungsmerkmale.

Diese Eigenart hat den australischen Vogelforscher G. MATHEWS im vorigen Jahrhundert dazu veranlaßt, sieben verschiedene Rassen beim Zebrafinken zu unterscheiden, während man heute nurmehr zwei anerkennt, wovon *Taeniopygia guttata castanotis,* in der Zeichnung der heutigen Zuchtform am nächsten kommt, zugleich die auf dem australischen Kontinent am weitesten verbreitete ist. Die eigentliche Nominatform *T. g. guttata* ist lediglich auf einige Australien vorgelagerte Inseln beschränkt. Bei geringerer Größe zeigt sie eine weniger markante Zebrazeichnung, ein schmaleres Brustband und mehr Braun im Gesamtgefieder, so daß sie im ganzen unscheinbarer wirkt. Das ist zweifelsohne der Grund, warum ursprünglich als Fängling-Importe in der Hauptsache Vertreter der Rasse *T. g. castanotis* nach Europa gekommen sein dürften, während die Nominatform erst seit fünf Jahren den Züchtern hier bekannt ist. OPPENBORN nennt sie Timor-Zebrafinken nach der Insel ihrer stärksten Verbreitung. Ihm gelang die Einfuhr über Thailand und auch die reine Weiterzucht. Sie sind nur von Tigerfinkengröße, die Männchen ohne Zebrazeichnung, beide Geschlechter ohne Braun im Gefieder, mit hellen Irisringen und weißlichen Beinen. Timor-Zebrafinken sind lebhaft, schreiten leicht zur Brut, lassen sich aber auch ebenso schnell dabei stören. Bei Kreuzungen mit Domestizierten, verhalten sich die Timor-Merkmale rezessiv, verschwinden also in der ersten Generation. Deshalb sollte man solche unbedingt vermeiden, um den Züchtern diese Inselrasse rein zu erhalten.

Nicht auszuschließen ist, daß im Laufe der Zeit bei Züchtern im Ursprungsland, wie durch rassenmäßig unerkannte Importe nach Europa und andere überseeische Länder, Kreuzungen entstanden sind, die das Rassenbild weiter verwischen, für die Variationsbreite nach Farbe und Zeichnung, selbst innerhalb der Wildfärbung der domestizierten, verantwortlich sind.

Eine weitere, nur für die Wildfarbe gültige, evolutionäre Folge der Domestikation und vielleicht auch des Rassemischmasches ist

Abb. 1 Timor-Zebrafink

die Augenfarbe. Während der Wildvogel leuchtend rotbraune Augäpfel besitzt, die sich scharf von schwarzen Pupillen abheben, sind die Augen der allermeisten Zuchtvögel heute einfarbig dunkel. Die natürliche Augenfarbe ist nur in wenigen Exemplaren erhalten geblieben. Bis 1960 die australische Regierung ein generelles Ausfuhrverbot für die gesamte dortige Vogelwelt erließ, erreichten uns neben vielen anderen beliebten australischen Arten, trotz der eigenen großen Zuchterfolge auch immer noch Zebrafinken. Sie waren ausgesprochen billig, und man konnte damals bei den holländischen Großimporteuren Hunderte in Augenschein nehmen. Es handelte sich mit Sicherheit vorwiegend um gezüchtete Vögel, denn es waren verschiedene Farbmutationen darunter. Unter den Wildfarbigen konnte man jedoch einen etwas höheren Prozentsatz braunäugige entdecken als bei gleichstarken einheimischen Kollektionen, vermutlich weil diese Vögel weniger weit vom Wildling entfernt waren.

Es ist das Verdienst IMMELMANN'S, um etwa die gleiche Zeit erstmalig auf den Verlust der schönen Augenfarbe hingewiesen zu haben. Nur wenige interessierte Züchter waren bemüht, sie selektiv zu ihren wildfarbigen Zuchtstämmen zu erhalten, und ebenso wenige Zuchtrichter achten heute noch auf den Vogelausstellungen darauf, weil man nach der immer weiteren Entfernung vom Wildvogel einen sonst schönen wildfarbigen Zebrafinken schlecht allein wegen seiner Augenfarbe strafen kann. Erschwerend kommt hinzu, daß mit dem Import australischer Vögel durch die strengen dortigen Bestimmungen nicht mehr zu rechnen ist. Nicht zuletzt sind mutationell in der Gefiederfarbe veränderte Zebrafinken bei der Züchtermehrheit beliebter geworden und mit der veränderten Gefiederfarbe geht das rotbraune Auge meist verloren. Mit anderen Worten, es gibt keine weißen, braunen oder silberfarbenen Zebrafinken mit rotbraunen Augen. Die Augen aller gezüchteten Farbschläge mit Ausnahme der Albinos (Augenfarbe: hellrot) und Phäos sind fast einfarbig dunkel.

Verbreitung und Freileben

Nach af ENEHJELM und IMMELMANN (zitieren CAYLEY u. a.) ist der Zebrafink, mit Ausnahme des Nordens, auf nahezu dem ganzen australischen Kontinent verbreitet, sogar im trockenen Binnenland, obwohl er stärker vom Wasser abhängig ist, als z. B. die lange ohne Schaden durstenden Wellensittiche. Im allgemeinen folgt seine Verbreitung deshalb dem Lauf der großen Ströme, jedoch gestatten ihm die vielen künstlichen Viehtränken heute eine vermehrte Besiedlung von Gebieten, in denen er sonst kaum vorkam. Seine Hauptnahrung besteht aus dem Samen verschiedener Gräser in allen Reifestadien, während zur Jungenaufzucht vermutlich auch Insekten, Termitenpuppen u. ä. verfüttert werden.

Zebrafinken können das ganze Jahr über brüten, jedoch richten sich die Anzahl der Bruten und der Bruterfolg nach der in Australien von Jahr zu Jahr sehr unterschiedlichen Witterung. Bleibt der

Regen weitgehend aus, was auf dem fünften Kontinent periodisch vorkommt, so wird nur eine Brut gemacht, wobei die Gelegestärke und die Kopfzahl der hochkommenden Jungen gering ist. Das wird in den Jahren mit einer ausgedehnten Regenzeit ausgeglichen. Diesem Rhythmus folgen die meisten australischen Vögel. In solchen Zeiten folgt Brut auf Brut, bis auch die trockenen, ausgefallenen Grassamen aufgezehrt sind.

Nach IMMELMANN schreiten bereits ganz junge Vögel ab einem Alter von etwa acht Wochen zur Brut, noch bevor sie richtig ausgefärbt sind, um die sehr hohen Verluste, u. a. durch Greifvögel, auszugleichen. Nur durch eine hohe Vermehrungsrate können die Zebrafinken, angesichts einer besonders in Dürrejahren kurzen Lebenserwartung, ihre Art und ihre weite Verbreitung erhalten.

Dieser vitale, in Australien mit am stärksten verbreitete, Prachtfink brütet vorzugsweise in Kolonien und legt seine kugeligen, nicht sehr ordentlichen Nester mit seitlichem Einschlupfloch gerne im dornigen Gesträuch an. Dort sind mitunter oft nahe beieinander bis zu 20 Nester in einem einzelnen Gebüsch zu finden. Es kommt zu kleinen Plänkeleien, aber ernsthafte Streitereien werden wegen der vielen Feinde, die diese kleinen Vögel haben, tunlichst vermieden. Der Zusammenhalt im Schwarm ist groß. Nahrungsflüge in die Grassteppe und vor allem zur mitunter weiter entfernt liegenden Tränke werden gemeinsam unternommen. Das gilt auch während der Brutzeit für die gerade abgelösten Partner.

KRAUSE hat die Flüge zur Tränke sehr eindrucksvoll in Farbfilmen über australisches Vogelleben festgehalten. Man sieht dort tausende Zebrafinken, einem Heuschreckenschwarm gleich, zu einem sandigen Flußufer schwirren. Ein ständiges wogendes Hin und Her zum Wasser und zurück zum schützenden Ufergebüsch. Jeder Vogel trinkt eiligst ein paar tiefe Züge, manche baden rasch und sausen schon wieder fort, um anderen Platz zu machen. Das ist ein angeborenes Verhalten zur Feindablenkung, weil verfolgende Greifvögel, die sich meistens auf ein Opfer konzentrieren, dadurch verwirrt werden und daneben stoßen. Solche Verfolgungsjagden durch Falken hat KRAUSE ebenfalls in einem Film belegen können.

IMMELMANN beschreibt eine weitere interessante Eigenart freilebender Zebrafinken, die sogenannten „Sozialstunden", zu denen sich die Angehörigen eines Schwarmes oder auch einer Brutkolonie regelmäßig und unabhängig vom Geschlecht und Alter zusammenfinden, um sich eng aneinandergeschmiegt gegenseitig im Gefieder zu kraulen. Das ist vielen Prachtfinken eigen und dient außer der Gefiederpflege dem Zusammenhalt einer Brutkolonie oder auch eines auf der Wanderung begriffenen Trupps. Die sonstige Rivalität der Geschlechter, Revierverteidigung usw. sind in dieser Zeit weitgehend eingeschränkt.

Haltung und Fütterung

In Deutschland werden Zebrafinken seit etwa 1870 (RUSS) gehalten und gezüchtet. Sie sind in dieser relativ langen Zeit dankbare und robuste Pfleglinge geworden, die notfalls bei stets paarweiser Haltung mit kleinen Stubenvogelkäfigen vorliebnehmen. Einzelhaltung kommt für alle kontaktfreudigen Prachtfinken der Tierquälerei gleich, weil sie auch in der Natur nie allein anzutreffen sind. Ihr großes Sozialbedürfnis würde verkümmern und ihr Leben verkürzen. Erst als Pärchen, mehr noch im Schwarm, kommt ihre ganze Liebenswürdigkeit und Lebhaftigkeit voll zur Geltung. Da Zebrafinken auch außerhalb der Brutzeit Nestschläfer sind, sollte auch der Kleinstkäfig mit einem dort zweckmäßigerweise außen angebrachten Nestkörbchen oder Nistkasten ausgestattet sein, wovon es verschiedene Formen im Zoohandel gibt.

Für den Vogelfreund, der nur ein Pärchen als gefiederte Hausgenossen wünscht, ergibt sich daraus allerdings das Problem unerwünschter Nachzucht, da Zebrafinken außerordentlich brutfreudig sind, zu jeder Jahreszeit mit der Brut beginnen und schwer zu stoppen sind. Einzige Abhilfe schafft hier die Haltung von zwei Tierchen gleichen Geschlechts, die einigermaßen miteinander auskommen, wenn sie keine andersgeschlechtlichen Partner hören oder sehen können. Trotzdem wird es bei Weibchen zu periodischen Eiablagen kommen. Am besten man läßt ihnen einige davon, auf denen sie dann meist einige Wochen sitzen und in dieser Zeit nicht legen. Bei Männchen, die auch farbenfreudiger sind, entfällt dieses Problem. Sie vertragen sich aber nur dann einigermaßen, wenn sie von Jugend an aneinander gewöhnt sind. Deshalb sollte der Einzelliebhaber unausgefärbte Junghähne aus gleicher Quelle erwerben, die schon an einzelnen Gefiedermerkmalen als solche erkennbar sind.

Auf der anderen Seite ist es für Familien mit Kindern nett und zugleich lehrreich, eine Vogelfamilie bei der Brutpflege bis zum Selbständigwerden der Jungen, selbst in einer Großstadtwohnung, auf engstem Raum beobachten zu können. Dafür bietet sich der Zebrafink geradezu an, und die Nachzucht kann man meist in der Zoohandlung absetzen, wo man sein Futter kauft, so daß sich die kleine Familie sozusagen selbst ernährt.

Als **Grundfutter** benötigen Zebrafinken eine Mischung für Exoten, bestehend aus verschiedenen kleinen Hirsesorten, etwas Glanz und Negersaat. Die großen Hirsesorten werden von diesen kleinen Vögeln wegen deren Härte nicht gern genommen. Dem Glanz wird wenig zugesprochen, von manchen Paaren gar nicht. Für den größeren Züchter ist es praktischer, Einzelsaaten in größeren Mengen zu kaufen und sich seine Mischung selbst herzustellen. Dafür werden Senegal-, La Plata- und Mohairhirse zu etwa gleichen Teilen gemischt, unter Zusatz von ½ Teil Silberhirse und Glanz und ¼ Teil Negersaat. Dies nehme der Anfänger als Richtlinie. Die Praxis ergibt, was die Vögel am liebsten mögen und was ihnen dann meist auch am besten bekommt. Individuelle Erfahrungsunterschiede gibt es bei Züchtern wie Vögeln.

Es gibt leider nicht immer alle **Einzelsaaten** in gleich guter Qualität zu kaufen, so daß man manchmal zu wechseln oder etwas zu improvisieren gezwungen ist. Als Qualitätsprobe für Samen, gleich welcher Art, empfiehlt sich außer der optischen Prüfung nach Sauberkeit und Vollkörnigkeit die Keimprobe. Hierfür zählt man 100 Körner je Sorte aus, die man getrennt auf einem mit Wasser vollgesogenen Löschblatt für ca. 24 Stunden an einen warmen Ort stellt. Bis dahin ist gekeimt, was gesund und lebensfähig ist, wobei sich der Prozentsatz aus der Auszählung ergibt. Bei einer Keimfähigkeit bis etwa 56 % kann noch von vollwertigem Körnerfutter gesprochen werden. Je höher die Keimfähigkeit, um so besser die Qualität. Was unter 50 % liegt, muß als bekömmliches Grundfutter abgelehnt werden.

Zum Thema „Keimen" sei hier gleich die **Herstellung von angekeimtem Körnerfutter** erwähnt, die für den Zebrafinkenzüchter während der Brutzeit eine Notwendigkeit ist, weil derlei Keimfutter Ersatz für manche Stoffe bietet, die dem Käfigvogel sonst kaum zugänglich sind. Man benutzt dazu die heute preiswert im Handel befindlichen Keimapparate und verfährt nach der beigefügten Vorschrift. Dann ist das Keimfutter aufnahmebereit und in extra Näpfen portionsweise zu reichen, aber nicht mehr, als an einem Tag gefressen wird, da es leicht säuert oder schimmelt. In einem solchen Zustand wäre es alles andere als bekömmlich. Angekeimt sollte es jedoch nicht nochmals gespült werden, da sonst wertvolle Wirkstoffe verlorengehen.

Bei dem Keimprozeß verwandelt sich Stärke in Eiweiß und Zucker, Stoffe, die Jung und Alt während der Brutzeit nötig brauchen, um so mehr, wenn, gleich aus welchen Gründen, kein anderes Grünfutter gereicht werden kann. **Grünfutter** galt Jahrhunderte hindurch als ein absolutes Muß in der Vogelzucht. Seit aber schon mancher seinen wertvollen Vogelbestand unabsichtlich mit gespritztem Salat oder verseuchten Unkräutern vergiftet hat, muß vor gedankenlosem Sammeln und Verfüttern von Grün unbekannter Herkunft ausdrücklich gewarnt werden, so gut, ja für manche Arten fast unentbehrlich, Naturfutter ist.

Wer einen eigenen Garten hat, kann handelsübliches Körnerfutter, besser noch Einzelsaaten, Salat, Spinat usw. für die Grünfütterung aussäen und heranziehen. Wer am Stadtrand oder auf dem Lande wohnt, findet auf unbebautem Gelände oder auf rein biologisch ernährten Äckern fast zu jeder Jahreszeit passendes Grün und halbreife Unkrautsämereien für die Vögel, wovon die Vogelmiere *(Stella media)* und das Einjährige Rispengras *(Poa annua)* mit Abstand das beste für Zebrafinken ist. Gibt man zu viel davon, so muß man bei Zebrafinken gegenwärtig sein, daß sie zugleich ihre Nester davon bauen. Das schadet an sich nichts, solange die Nester nicht fertig sind, aber Zebrafinken neigen in ihrem oft überstarken Bautrieb dazu, sogenannte „Schichtnester" zu bauen, indem sie ein bereits vorhandenes Gelege zubauen, neu legen, wieder eine Schicht Nistmaterial darüberpacken usw. So mancher Anfänger, der über Monate vergeblich auf ausfliegende Junge wartete, hat schließlich durch diese Eigenart schon 60 und mehr Eier aus einer solchen „Schichttorte" von Nest herausgeholt. Abhilfe schafft das Kleinschneiden des Grünzeugs.

Kolbenhirse, sehr schwankend in Preis und Qualität, je nach Ernte, ist deshalb ein so bekömmliches Futter, weil die Körner in den Rispen länger voll lebensfähig bleiben, außerdem ist die Aufnahme aus den Kolben als natürlicher Vorgang appetitanregender für die Vögel, als lose Körner aus einem Napf oder gar Automaten zu picken. Als regelmäßiges Zusatzfutter – Kolben erst wechseln, wenn sie vollständig leer gefressen sind – möchte ich sie deshalb empfehlen. Früher war es unter Prachtfinkenzüchtern üblich, sie nach Lagerung von 12 bis 24 Stunden in Wasser auch angekeimt zu reichen, jedoch sind die meisten wieder davon abgekommen, weil sich zwischen den dicht gepackten Körnern leicht Schimmel ansetzt. Hinzu kommt der außerordentlich gestiegene Preis.

Insektennahrung zur Aufzucht ist für Zebrafinken nicht nötig. Ein **Markenaufzuchtfutter,** mit hart gekochtem, zerriebenem Ei angereichert, ist insbesondere bei kopfstarken Bruten zu empfehlen, wird aber nicht von allen Paaren genommen. Die Vögel sollten bereits daran gewöhnt werden, bevor Junge geschlüpft sind. **Kalk und Grit** in Form von Sepiaschalen, besser handelsüblichen Futterkalk und grobem, gut gewaschenen Flußsand sollten niemals fehlen.

Die Zucht

Zebrafinken sind unter den Prachtfinken die einfachsten Zuchtvögel. Wenn sie in der Natur auch Kolonienbrüter sind, so ist die **Einzelhecke** in der gezielten Zucht doch erfolgversprechender, wofür sich Kistenkäfige oder Heckabteile in Batterieform neben und übereinander, je nach den Platzverhältnissen am besten eignen. Mindestens 40 bis 80 cm lang sollten die einzelnen Abteile sein, Höhe mindestens 30 cm. Die Tiefe sei so, daß die etwas schreckhaften Vögel sich nach hinten zurückziehen können, man bei Fang und Nistkontrollen aber noch bequem überall hingelangt, ohne die Zebrafinken unnötig jagen zu müssen.

Wenn sich auch die Türen im oberen Drittel der in verschiedenen Größen genormten käuflichen Vorsatzgitter zum Außenanbringen der Nistkästen anbieten, so brüten Zebrafinken doch weit ruhiger und sicherer in Kästen, die im oberen Drittel innen angebracht sind, obgleich sich die Nestkontrolle für den Züchter dort etwas schwieriger gestaltet. **Halboffene Kästchen** von 10 bis 15 cm Länge und etwa 10 cm Höhe und Tiefe haben sich bei diesem System am besten bewährt; besser größer als zu klein, was ebenso für die Maße der Heckabteile gilt, aber natürlich im Verhältnis zueinander stehen muß. Mit anderen Worten: in kleineren Heckabteilen nehmen zu große Kästen den Vögeln das Mindestmaß an Bewegungsraum.

Geflochtene Körbchen, so nett sie aussehen, sind dem größeren Züchter wegen der schlechteren Reinigungsmöglichkeit und der Milbenverstecke nicht zu empfehlen. Als **Nistmaterial** eignen sich weiches Waldgras in trockener, aber auch in grüner Form, Kokosfasern, auch Hundehaar, und zum Auspolstern kleine Federn jeder Art, z. B. aus alten Kissen, Mauserfedern anderer Vögel usw. Zebrafinken kommen auch auch ohne Federn aus und brüten in ungepolsterten Nestern, nur darf das verwendete Gras dann nicht zu grob sein, damit sich die Eier nicht in den Zwischenräumen nach unten verlieren. Zur Überdachung tragen die kleinen Kerle sogar leere Hirsekolben ein. Das schadet nichts.

Obwohl Zebrafinken zu jeder Jahreszeit brüten, ist die günstigste Zeit das **Frühjahr,** wenn frisches Grün zur Aufzucht zur Verfügung steht. Im Zuchtraum genügt eine Temperatur von etwa 15° C. Der Toleranz nach oben sind keine besonderen Grenzen gesetzt, nur trocknen die Eier bei allzu großer Hitze leicht aus. Zuchtpärchen sollten ein Mindestalter von neun Monaten haben und nicht mehr als zwei allerhöchstens drei Bruten hintereinander machen. Danach trennt man besser die Geschlechter, weshalb es praktisch ist, die Heckanlage mit herausziehbaren Trennwänden auszustatten. Dadurch lassen sich Flugräume für Hähne, Weibchen und Jungvögel gleichermaßen schaffen.

Ein gesundes Pärchen schreitet meist innerhalb von 8 bis 14 Tagen zur Brut. Schon nach Ablage des ersten Eies bleibt oft ein Partner im Nest; fest gebrütet wird in der Regel jedoch erst nach Erscheinen des dritten Eies. Die **Brutzeit** dauert elf bis zwölf Tage, wovon das Weibchen den größten Teil übernimmt. Ein guter Hahn löst aber regelmäßig ab, so daß das Gelege kaum allein gelassen wird. Während der Nacht brütet das Weibchen, der Hahn schläft neben ihr im Nest.

Frisch geschlüpfte Junge sind überwiegend nackt, von dunkler Hautfarbe. Das Innere des Schnabels ist hell, mit erhabenen Papillen versehen, die im dunklen Nestinneren phosphorisieren. Durch Hin- und Herbewegen des Kopfes bei geöffnetem Schnabel wird das Betteln um Futter signalisiert, während Laute in den ersten Lebenstagen nicht zu hören sind. Die Alten reagieren darauf prompt mit Füttern. Im Alter von ca. acht Tagen kann man die wispernden Bettelstimmchen der Jungen schon hören. Von dann ab werden sie Tag für Tag lauter und noch nach dem Ausfliegen im Alter von etwa drei Wochen machen vier bis sechs Zebrafinken-Nestgeschwister erheblichen Lärm vor und während des Fütterns.

Dieses Bettelgeschrei klingt bereits an die trompetenden Lockrufe adulter (erwachsener) Zebrafinken an und erscheint nur andersartig wegen der rascheren Tonfolge. Darüber hinaus verfügen die Männchen über einen lustig klingenden, rasselnden Balz- und

Reviergesang, der an das Rattern einer Nähmaschine erinnert. Wenn man genau hinhört, singt aber jedes Männchen anders. Dieser Gesang wird sehr häufig vorgetragen und kann auf die Dauer im Zimmer etwas auf die Nerven fallen. Er ist entweder werbend gegen das Weibchen oder drohend gegen andere Männchen gerichtet. Das Brust- und Bauchgefieder wird dabei abgespreizt, der Schwanz seitlich zum Partner eingewinkelt, der Körper aufgerichtet. Der Gesang wird unter tänzelnden Bewegungen vorgetragen. Nicht paarungswillige Weibchen und andere Männchen reagieren darauf meist mit Flucht, das paarungsbereite Weibchen jedoch mit schnellem Schwanzflirren, woraufhin die Begattung erfolgt. Die Gelege können zwischen vier und neun Eiern schwanken. Aus großen Gelegen schlüpfen meist nicht alle Eier, so daß vier bis sechs Junge pro Brut als sehr guter Erfolg zu werten sind.

Das erste **Nestgefieder** ist bei wildfarbigen einfarbig grau, der Schnabel schwarz. Lediglich die Tränenstriche unterhalb der Augen und die gestreiften Oberschwanzdecken (der Züchter spricht von „Schwanzbänderung") sind schon vorhanden. Die Umfärbung ins Alterskleid vollzieht sich jedoch bei gesunden Zebrafinken rasch und ist in der Regel im Alter von drei bis fünf Monaten abgeschlossen. Zuerst färbt sich der Oberschnabel rötlich und bei den jungen Männchen erscheinen die ersten bunten Federn der Brust- und Flankenzeichnung. In diesem Alter beginnen sie auch schon schüchtern mit Gesangsübungen in der typischen Körperhaltung erwachsener Männchen. Spätestens zu diesem Zeitpunkt müssen sie aus dem Zuchtkäfig entfernt werden, da sie sonst vom Vater heftig verfolgt werden und weitere erfolgreiche Bruten in Frage gestellt sind. Bis dahin schläft die ganze Familie einträchtig in einem Nest, wie überhaupt junge Zebrafinken in den ersten Tagen nach dem Ausfliegen noch häufig das Nest aufsuchen, um dort ein Nickerchen zu machen. Manchmal werden sie dazu von den Alten direkt ins Nest gelockt, obwohl die Weibchen inzwischen mitunter bereits mit einem neuen Gelege begonnen haben. Deshalb sollte man gleich nach dem Ausfliegen der Jungen das alte verkotete Nest (Prachtfinken beseitigen den Kot nicht aus dem Nest) restlos entfernen und den Nistkasten gründlich säubern, gleichzeitig neues Nistmaterial anbieten.

Frühestens 14 Tage vom ersten Ausfliegen an gerechnet, können die Jungen unbeschadet aus dem Heckabteil entfernt werden, sofern eine weitere Brut gewünscht wird. Sonst ist es besser, sie bleiben drei Wochen bei den Eltern. Nach zwei oder höchstens drei Bruten genügt es, wenn die Jungen der letzten Brut erst beim Umfärbungsbeginn der jungen Männchen von den Alten abgesetzt werden.

Zebrafinkenzüchter mit Ausstellungs-Ambitionen sind gehalten, ihre **Nachzucht geschlossen zu beringen,** und zwar in der Bundesrepublik Deutschland mit Verbands- oder Vereinsringen der Vereinigung für Artenschutz, Vogelhaltung und Vogelzucht (AZ) e. V. oder des DKB (Deutscher Kanarienzüchter-Bund), die mit den Mitgliedsnummern, Laufnummern und dem jeweiligen Jahrgang versehen sind. Das dient als Züchternachweis für die Selbstzucht auf Austellungen. Die geschlossene Beringung erfolgt am besten um den zehnten Lebenstag. In dieser Zeit sind mitunter schon beide Altvögel zur Nahrungsaufnahme vom Nest, und einen solchen Zeitpunkt sollte man wählen, weil manche Zebrafinken-Paare empfindlich auf derlei Störungen reagieren, allzu häufige Nestkontrollen also ohnehin vermieden werden sollten.

Da die Jungen sich in diesem Alter schon neben- und übereinanderdrängen, nimmt man am besten alle Jungen heraus, gibt sie in ein weiches Körbchen o. ä., nimmt sich dann einen nach dem anderen für die Beringung vor, führt dieselbe so rasch wie möglich durch und legt sie dann alle miteinander schnellstens ins Nest zurück. Die **Beringung** selbst ist Übungssache. Am Anfang ist es angebracht, die Hilfe eines erfahrenen Züchters in Anspruch zu nehmen. Der Jungvogel wird locker in die Hand genommen, das gewählte Ringbein mit den Fingern im Fußgelenk erfaßt, so daß die drei vorderen Zehen dicht nebeneinanderliegen. Darüber wird dann der Ring, Schrift nach oben, bis fast über das Fußgelenk hinweggestreift. Schließlich zieht man mittels eines Hölzchens oder

Stäbchens, z. B. mit einem abgeflacht angespitzten Streichholz, die Hinterzehe vorsichtig durch den Ring. Neben der Beherrschung dieser Technik, ist es Erfahrungssache, den richtigen Zeitpunkt abzupassen. Wird der zu früh gewählt, fällt der Ring wieder ab und verschwindet im Nestmaterial. Ist es zu spät, dann geht der Ring nicht mehr über das Fußgelenk. Mit Speichel oder etwas Öl läßt er sich manchmal dennoch ohne große Schmerzen für den Vogel anlegen. Auch gibt es erfahrene Züchter, die es fertigbringen, bei Prachtfinken geschlossene Ringe noch nach dem Ausfliegen anzulegen, weil die Füße und Zehen dieser Arten erst dann voll auswachsen. Darauf ist man bei Beringungsversuchen mit manchen nichtdomestizierten Prachtfinken gekommen, die Störungen am Nest vorher überwiegend mit Verlassen der Brut quittieren. Es gibt also verschiedene Methoden, der Anfänger tut aber gut daran, sich bei der Beringung von Zebrafinken an die Zeit vom frühestens 9. bis spätestens 14. Lebenstag zu halten. Die Wachstumsentwicklung ist im übrigen in den einzelnen Stämmen, mehr noch nach den verschiedenen Farbspielarten, etwas unterschiedlich, weshalb sich keine genauere Zeit angeben läßt.

Die Zebrafinkenzucht zu mehreren Paaren in der Voliere, das **Koloniebrutsystem** also, ist auf der einen Seite weniger arbeitsaufwendig und bietet viel Freude durch das stets abwechslungsreiche Vogelleben bei der Beobachtung einer solchen Vogelschar, auf der anderen Seite setzt es den Züchter aber auch vor manche schwer vorherzusehenden Probleme, denn auch eine noch so gute Volierenanlage gleicht dennoch nicht den Bedingungen im australischen Busch. Folglich läuft häufig nicht alles so gut ab, wie es sich mancher bei der Lektüre über das Freileben vorstellen mag. Vor allem ist es in den seltensten Fällen möglich, die Vögel sich selbst ihre Partner wählen zu lassen. Ganz abgesehen von dem Verzicht auf gezielte Zucht nach den Bedingungen des Schönheitsstandards, müssen dabei die negativen Folgen der **Inzucht** in Kauf genommen werden, was sich bei diesen kleinen Vögeln durch ihre rasche Generationsfolge bald verheerend auswirken kann.

Wer es trotzdem versuchen möchte, muß von Beginn an auf einige wichtige Grundregeln achten: Zebrafinken, die aus geheizten oder auch nur aus frost- und zugfreien Räumen kommen, dürfen, je nach Witterung und Lage, nicht vor Mitte/Ende April in Freivolieren verbracht werden, die im übrigen in jedem Falle mit angrenzenden festen, zugfreien und durch Fenster genügend erhellten Schutzräumen gebaut sein müssen. Nur gesunde, robuste Paare, nicht unter neun Monate alt, sind in gleicher Anzahl einzusetzen, wobei pro Paar etwa 1 m^3 Bewegungsraum zu rechnen ist. Je schwächer eine Voliere besetzt wird, um so besser wird der Bruterfolg sein.

Pro Paar sind nach Möglichkeit je zwei Nistgelegenheiten vorzusehen. Auf alle Fälle sollten mindestens um ein Drittel mehr Nistkästen gerechnet werden, als Paare vorhanden sind. Vorzugsweise Kästen verschiedener Ausstattung sind im oberen Drittel des Innenflugraumes in unterschiedlichen Höhen und nicht zu nahe beieinander so aufzuhängen, daß der Einflug gut beleuchtet ist. Sofern ein Teil des Außenflugraumes überdacht ist, können auch dort einige Nistkästen angebracht werden, aber möglichst nicht so hoch, daß man sie nur mittels Leiter kontrollieren kann! Das bringt für die ganze Voliere zu große Störungen mit sich. Aus dem gleichen Grund muß auf das Herausfangen der ersten zwei Bruten verzichtet werden. Diese Jungen benutzen die überzähligen Kästchen als Schlafnester, nur muß man bei der schnellen Brutreife dieser Art damit rechnen, daß die ersten Jungvögel im Spätsommer bis Herbst schon wieder selbst ein bis zwei Bruten machen. Nach IMMELMANN legte im wissenschaftlichen Test ein Weibchen bereits im Alter von 60 Tagen.

Unter günstigen Freivoliere-Bedingungen sind Zebrafinken sehr früh reif. Da es aber auch zu Geschwister-Verpaarungen kommt, ist zu empfehlen, im Spätherbst den ganzen Schwarm herauszufangen und mindest zur Hälfte mit blutsfremden Tieren durch Tausch oder Zukauf zu ergänzen. Nur so kann man über einige Jahre diese Volierenzucht betreiben, wobei der Absatz für die meist zahlreiche Nachzucht im Herbst gesichert sein muß. Bis

Ende Oktober können die Zebrafinken in einer ungeheizten Anlage verbleiben. Wer die Zuchtvögel das ganze Jahr über dort belassen will, sollte rechtzeitig für verschließbare Fluglöcher sorgen, damit die Vögel bei sehr schlechtem und kaltem Wetter nicht in die Außenvoliere gelangen können. Auch ist Heizung insoweit vorzusehen, daß der Innenraum mindestens frostfrei bleibt. Elektrische Sparheizkörper haben sich dabei bewährt.

Auf **Schlafnester** im ungeheizten Innenraum darf nicht verzichtet werden, auch wenn dort während des Winters eine Anzahl von Eiern abgelegt wird. Daran kann man die Zebrafinkenweibchen nicht hindern. Offensichtlich schadet es ihnen kaum, denn zu Bruten kommt es bei niedrigen Temperaturen selten, und die Aufzucht der Jungen kostet den eigentlichen Kräfteverzehr.

Künstliche Beleuchtung während des Winters zu einer Tagesverlängerung von acht Stunden ist angebracht, jedoch nicht mehr, wenn Winterbruten weitgehend unterbunden werden sollen. True-Lite-Leuchtstoffröhren haben sich am besten bewährt und sind sparsam im Verbrauch.

In Innenräumen, die wegen empfindlicheren Prachtfinken stärker beheizt und länger beleuchtet werden müssen, ist es besser, die Zucht-Zebrafinken, **nach Geschlechtern getrennt,** in möglichst geräumigen Flügen unterzubringen, und zwar so, daß die Geschlechter sich nicht sehen, besser noch, nicht hören können. Notfalls kann hier auf Schlafnester verzichtet werden, aber eine unliebsame Begleiterscheinung dieser Haltung ist gegenseitiges Rupfen aus einem verdrängten Nestbaubetrieb heraus, gegen welche eine möglichst schwache Besetzung der einzelnen Flüge und Vermeidung treibenden Futters die einzigen Mittel sind. Eine gute Körnermischung, wie weiter vorn beschrieben, und ein- bis zweimal wöchentlich einige Tropfen eines Multivitaminpräparates ins Trinkwasser sind ein ausreichendes Erhaltungsfutter für Zebrafinken außerhalb der Brutzeit. Werden aber Winterbruten gewünscht, die nur in auf mindestens 15° C erwärmten und während zwölf Tagesstunden erleuchteten Räumlichkeiten erfolgversprechend sind, dann ist natürlich optimales Futter wie für die

Brutzeit angegeben zu reichen, wobei eine größere Menge Keimfutter das fehlende Grünfutter ersetzen muß. Selbstverständlich ist dann im Sommer eine erzwungene Ruhepause bei getrennter Haltung erforderlich.

Auf die Möglichkeit der **Haltung einzelner Zebrafinkenpaare** als Nebenbesetzung in Großsittichvolieren sei hingewiesen. Großsittiche werden den weitaus flinkeren Prachtfinken kaum gefährlich. Zur Vermeidung der Nestzerstörung durch spielerisches Herauszupfen des Nistmaterials müssen entweder geschlossene Zebrafinken-Brutkästen mit einem kleinen Einschlupfloch verwendet werden, auch solche gibt es im Zoohandel, oder aber man umkleidet halboffene Prachtfinkenkästen im Abstand von einigen Zentimetern mit grobem Maschendraht, durch den die Zebrafinken gerade noch hindurchschlüpfen können, nicht aber die Großsittiche. So werden gesunde Zebrafinken-Paare ungestört einige Bruten aufziehen, zur Belebung der Voliere beitragen und nicht zuletzt mithelfen, diese sauber zu halten, denn sie lesen trockene Grünfutterreste und jedes Federchen sorgsam auf, um ihre Nester damit auszustatten.

Im Herbst muß die ganze Gesellschaft aber doch eingefangen werden, da die meisten Großsittiche völlig kalt überwintert werden. Das vertragen Zebrafinken bestenfalls in sehr milden Wintern in der wärmsten Ecke Südwest-Deutschlands. In anderen Gebieten ist eine Überwinterung ohne Wärme- und Lichtzusatz als Tierquälerei zu betrachten.

Unbefruchtete Gelege und Krankheiten gehören selten zu den Pannen, die bei der Haltung und Zucht von Zebrafinken auftreten, sofern man die Grundregeln beachtet. Ausnahmen bilden einige neue Farbschläge, von denen später noch die Rede sein wird, Einsetzen von zu jungen, zu alten oder zu stark ingezüchteten Paaren. Sonst kann man vier bis sechs Jahre von einem gesunden Pärchen Nachzucht erwarten, während die maximale Lebenserwartung zehn Jahre und darüber beträgt. Legenot tritt zuweilen auf. Warmhaltung, z. B. unter Verwendung eines modernen Krankenkäfigs, auch der wird vom Fachhandel angeboten, schaffen meist rasche Abhilfe. Das gilt auch für Erkältung, Durchfall usw. bei einer mehrtägigen Diät von ausschließlich Kolbenhirse. Junge Paare ziehen mitunter ihre erste Brut nicht auf, sondern befördern die Jungen gleich nach dem Schlupf aus dem Nest. Zurückbringen der Jungen ins Nest hilft dann leider selten. Wenn verfügbar, gibt man besser ein bis zwei schon ältere, kräftigere Junge ins Nest, deren Hinausbeförderung schon Schwierigkeiten macht, während ihr kräftiges Betteln das unerfahrene Paar eher zum Füttern reizt. Gelingt das, so ist der Bann gebrochen. Spätere Bruten werden anstandslos aufgezogen.

Die **Mauserzeit** richtet sich in etwa nach der vom Züchter gesteuerten Brutzeit, fällt also für Frühjahrsbrüter in den Herbst und geht meist schnell und reibungslos vor sich. Größere Federlücken sind eher die Folge von Kämpfen oder auch Rupfen durch Mitinsassen. Zebrafinken neigen aber auch zur Schreckmauser, wenn sie bei Dunkelheit gestört oder ergriffen werden. Sie können dabei sehr viele Federn auf einmal „fallenlassen" und sehen danach längere Zeit wie gerupft aus. Gesundheitliche Schäden folgen daraus selten.

Mit Abstand die beste Methode für die Haltung und Zucht von Zebrafinken bleibt zusammenfassend die **Einzelhecke für den Brutbetrieb** und die Haltung von Jung- und ausruhenden Vögeln in geräumigen Flugkäfigen oder Volieren. Beide Behausungen sind zum Wohlbefinden der Zebrafinken selbstverständlich mit Badegelegenheit zu versehen, von der regelmäßig Gebrauch gemacht wird. Für die Volierenhaltung dürfen wir nicht zu tiefe Badebecken wählen, da besonders unbeholfene Jungvögel sonst leicht darin ertrinken. Ein flacher Stein in die Mitte größerer Vogeltränken gelegt, beugt dem vor und wird gern zum nachträglichen Putzen benutzt. Feine Springbrunnen sind zusätzliche Zierde, und ein Brausebad wird während der heißen Jahreszeit von allen Prachtfinken sehr geschätzt.

Eine sorgfältige **Buchführung** ist für die gezielte Farbenzucht in Einzelhecken unerläßlich. Karteikarten für die einzelnen Paare mit deren Ringnummern und Abstammung, sowie Raum für die

Brutdaten, Ei- und Jungenzahlen, Farben und Ringnummern der Jungvögel sind besonders praktisch. Bei Außen- oder leicht zugänglichen Innenkästen können sie auch an den Nistkästen angebracht werden. Ein Zuchtbuch mit den gleichen Angaben und den Käfignummern leistet ebenso gute Dienste. Um eine vielköpfige Nachzucht gleicher Farbe individuell auseinanderhalten zu können, ebenso zwecks Früherkennung und Herausfangen der Geschlechter, leisten verschiedenfarbige Plastikringe gute Dienste, die erst nach dem Ausfliegen oder auch sonst jeder Zeit leicht anzulegen sind. Es darf nur nicht vergessen werden, sie vor der Beschickung einer Ausstellung abzunehmen, da eine solche zusätzliche Kennzeichnung dort verboten ist und zur Disqualifikation führt.

Einfacher Maschendraht empfiehlt sich nicht für die Haltung von Zebrafinken, denn daran beschädigen sie sich regelmäßig das feine natürliche „Wachs" auf ihren Schnäbeln (vergleiche englisch „Waxbills"). Es bilden sich Risse, die nicht weiter tragisch zu nehmen sind, sich auch schnell regenerieren, auf den Ausstellungen aber mit Abzugspunkten gestraft werden. Mit Kunststoff überzogener Maschendraht, der zwar etwas teurer, zugleich aber auch witterungsunempfindlicher ist, vermeidet die unschönen Schnabelrisse.

Neben den bereits beschriebenen Lautäußerungen verfügen Zebrafinken noch über einen bestimmten Drohruf, der wie „raa" „raa" klingt und von den Männchen bei der Vertreibung von Rivalen ein paar mal kurz hintereinander ausgestoßen wird, sonst aber kaum zu hören ist.

Außer von Anfängern in der Prachtfinkenzucht und speziellen Schau- und Farbenzüchtern, werden Zebrafinken wegen ihrer geringen Größe und Anspruchslosigkeit besonders in Großstädten und industriellen Ballungszentren gehalten, wo eine Beschaffung von frischem Grün oft ganz unmöglich geworden ist. Davon Betroffene brauchen dennoch nicht auf dieses wichtige Naturfutter zu verzichten, wenn sie auf dem Balkon oder im Winter im Keller gesundes **Körnerfutter in Blumenkästen** aussäen. Sobald die

Pflänzchen einige Zentimeter aus dem Boden sind, können die Kästen ganz oder teilweise zum Abweiden in die Flüge gegeben werden. Zweckmäßiger ist es daher, viele kleine Kästen für diese Art von Grünfütterung vorzusehen, als wenige große. Im übrigen wird frische Laub- oder Walderde als Mineralergänzung auch ohne Keimlinge jederzeit von Käfigvögeln geschätzt, die Naturboden ganzjährig vermissen müssen. Etwa darin enthaltene Insektenlarven u. ä. sind eine willkommene, auf keinen Fall schädliche Zukost.

Man kann Zebrafinken durchaus auch an die Aufnahme von Mehlkäferlarven (die „Mehlwürmer" des Zoohandels) und Ameisenpuppen gewöhnen, indem man diese **Insektennahrung** unter das Aufzuchtfutter mischt. Auf diese Weise angefütterte Zebrafinken sind notfalls in der Lage und meist durchaus willens **als Ammen zu dienen,** d. h. eventuell verunglückte Bruten anderer dickschnäbliger Prachtfinken (Amadinen) aufzuziehen. Voraussetzungen sind allerdings, daß sie zeitlich zum momentanen Brutstadium der als Ammen vorgesehenen Paare passen und daß keine arteigenen Jungen im Nest verbleiben. Sonst werden diese vorgezogen und die Fremdlinge müssen verhungern. Zur Regel sollte man dies nicht werden lassen, weil immer eine gewisse Prägung auf die artfremden Zieheltern erfolgt. Durch Zebrafinken aufgezogene andere Amadinen sind deshalb auch sofort nach dem Selbständigwerden zu ihresgleichen oder zu anderen Prachtfinken zurückzubringen, so daß sie ihre Ammen weder sehen noch hören können, andernfalls werden später als Partner Zebrafinken der eigenen Art vorgezogen. So geprägte Vögel sind für die Erhaltungszucht der eigenen Art verdorben. Dünnschnäbelige Prachtfinken (Astrilden) werden im allgemeinen nicht von Zebrafinken aufgezogen.

Die Farbschläge und ihre Vererbung

Das Gefieder der beiden wildlebenden Rassen *Taeniopygia guttata* und *T. castanotis* wurde eingangs beschrieben und dabei festgestellt, daß sich deren Nachkommen als Käfigvögel möglicherweise viele Jahre hindurch aus einer Mischung von beiden zusammensetzten, wobei wohl die mehr braune Form überwog, es also alle fließenden Übergänge nach einem mehr oder minder starken braunen Überhauch auf dem Rücken gab. Die Decken auf den Flügeln dieser bräunlichen Vögel sind kräftig braun gesäumt. Die Unterseite der Männchen ist oft nicht rein weiß, die der Weibchen eher schmutzig-bräunlich als zartbeigefarben.

Seit sich mehr und mehr Züchter auf eine gezielte Schönheits- und Farbenzucht spezialisiert haben, ist es auf selektivem Weg gelungen, die wildfarbenen Zebrafinken nicht nur größer und in den Körperformen harmonischer zu züchten, sondern auch das Braun im Gefieder weitgehend fortzuzüchten. So entstanden Zebrafinken, die oberseits nur noch graue und schwarze Töne zeigen, während die Männchen eine rein weiße Unterseite unterhalb des sich davon vorteilhaft abhebenden schwarzen Brustbandes haben, die Weibchen vom Grau des Halses übergehend eine zart beigefarbene (s. Foto 17 und 18). Deshalb hat man diese Vögel im internationalen Schönheitsstandard von Wildfarben in **Grau** umbenannt, obwohl alle übrigen Merkmale des Wildvogels, also die kastanienbraunen Wangenflecke, die schwarz-weiße Zebrazeichnung nebst schwarzer Brustbandabgrenzung, sowie die rostroten Flanken mit weißen Tupfen, die schwarz-weiße Schwanzbänderung und die dunklen Tränenstriche erhalten geblieben sind. Man kann deshalb beim heutigen grauen Zebrafink nicht von einer Mutation sprechen, eher von einem selektierten Zuchtprodukt. Die rotbraunen Augen der Wildform, die sich hier und dort noch zeigen, bleiben neben den schwarzen zulässig.

Über 100 Jahre Zebrafinken in der Obhut des Menschen haben in der ersten Hälfte dieser Zeit keinerlei Mutationen hervorgebracht, in der zweiten jedoch interessanterweise eine ganze Palette. Bevor wir diese im einzelnen näher betrachten, ist es zum besseren Verständnis vorteilhaft, zunächst die wesentlichen Faktoren herauszustellen, die auf die Änderung des Äußeren eines Zebrafinken Einfluß nehmen.

Es sind dies solche für die **Veränderung der Grundfarbe,** also das Grau des Wildvogels. Dabei handelt es sich entweder um Intensivierung oder Verdünnung der beiden Pigmentfarben (Melanine), welche im wesentlichen die Gefiederfarben des Zebrafinken bilden. Gemeint sind die schwarzen bis graubräunlichen Eumelanine und die mehr rötlichbraunen Phäomelanine, die in verschieden geformten Körnchen, nur mikroskopisch sichtbar und in unterschiedlicher Stärke in den Federn eingelagert sind. Dort wo sie ganz fehlen, zeigt der Zebrafink farblose, also weiße Federn. Fettfarben (Lipochrome) sind bei diesen Prachtfinken nur an den Hornteilen, insbesondere an den Schnäbeln eingelagert. Selbst darauf hat eine besondere Mutation Einfluß genommen. So können heute alle Zebrafinkenfarben, versehen mit roten Schnäbeln von der Natur aus, auch in Gelbschnäblig gezüchtet werden. Schließlich gibt es Faktoren zur Veränderung der Gefiederstrukturen nach Größe und Anordnung. Hierzu sollte man sich gleich merken, daß sich alle diese Faktoren auch kombinieren lassen, wodurch teilweise wiederum im Phänotyp unterschiedliche Zebrafinken entstehen.

Der Ausstellungsstandard hat die meisten dieser Farbkombinationen in besonderen Schauklassen anerkannt, um allen eine Chance zu geben. Wer folglich ausgefallene kombinierte Varietäten ausstellen will, dem bleibt das unbenommen, weil nach dem Motto „Gleiches Recht für alle“ sämtliche Vögel um den Besten der Schau mit konkurrieren. Der schöpferisch-züchterischen Betätigung sind also keine Grenzen gesetzt.

Als älteste Mutation sind die **Weißen Zebrafinken** zu betrachten, die in Deutschland schon 1921 durch VOIGT in Jena gezüchtet worden sind. Das Zuchtziel sind kräftige, reinweiße Vögel mit möglichst tiefroten Schnäbeln und dunklen Augen. Folglich handelt es sich um keine Albinos. Auch die Beine und Füße sind ebenso kräftig lachsfarben wie die der dunkel gefiederten Zebrafinken. Die ersten Weißen waren unansehnlich klein und hatten vielfach einen grauen Fleck auf dem Rücken oder zumindest einige dunkle Federn dort. Das hat sich während der letzten 30 Jahre sehr wesentlich geändert. Es gibt weiße Stämme, die schon im Schnitt die dunklen an Form und Größe übertreffen und die ausgefärbt ganz rein im Gefieder sind. Manche Jungvögel zeigen noch dunkle Federn, die sich aber spätestens bis zum Alter von einem Jahr verlieren. Die Weibchen neigen zu blassen Schnäbeln, was sich jedoch selektiv ausmerzen läßt, indem gelegentlich gute Graue und Zimter eingekreuzt werden, zu denen sich die Weißen rezessiv in der Vererbung verhalten. D. h. die ganze Nachzucht aus Weiß x Grau, wobei das Geschlecht keine Rolle spielt, ist dunkel, aber gleichzeitig in beiden Geschlechtern spalterbig in Weiß. Im tierzüchterischen Schrifttum hat sich ein Schrägstrich (/) für die Andeutung der Spalterbigkeit eingebürgert. Grau/weiß x Grau/weiß steht demnach für ein graues Zebrafinkenpaar, dessen beide Partner spalterbig in Weiß sind. Daraus erhält man 25 % weiße Zebrafinken, 25 % reinerbig Graue und 50 % Grau/weiß. Da sich die reinerbigen und die spalterbigen dem Phänotyp nach nicht unterscheiden lassen, empfiehlt sich diese Verpaarung von spalterbigen Vögeln untereinander grundsätzlich weniger. Besser ist es, einen Spalterbigen mit einem Weißen zu verpaaren, woraus bereits 50 % Weiße zu erwarten sind, während die übrigen 50 % Grauen sämtlich spalterbig in Weiß sind.

Weiße Zebrafinken sollten um ihrer selbst willen und nur zusammen mit dunklen Farbschlägen gezüchtet werden. Mögen die besten noch so gut in Typ und Größe sein, hat es doch keinen Zweck, mit ihnen etwa helle Varietäten wie Schecken, Pinguinfarbige und Marmorsets aufhellen oder sonst irgendwie verbessern zu wollen. Sie vermischen sich nicht zu irgendwelchen Intermediärformen, sondern spalten immer wieder auf, wobei die weißen aus derlei Kreuzungen leicht wieder klein und unansehnlich werden. Das wird dennoch immer wieder versucht, nachdem häufig Schecken und andere helle Farben aus unbekannter Quelle erworben, sich als spalterbig in Weiß herausstellen. Unkontrollierte Massenzuchten nach dem Koloniesystem tragen daran sicherlich auch oft die Schuld.

Zimtfarbene Zebrafinken, kurz **Zimter** genannt, sollen nach J. STEINBACHER schon in den vierziger Jahren in Südafrika gezüchtet worden sein. Bei uns sind sie erst in den sechziger Jahren richtig populär geworden. Es handelt sich um die stets geschlechtsgebunden vererbende Braunform, die bei allen domestizierten Tieren auftritt und in Einzelstücken bei vielen Vogelarten auch aus dem Freileben bekannt ist, z. B. bei Amseln, Staren, Sperlingen, um die häufigsten zu nennen. In der Regel handelt es sich dabei um Weibchen, die nur dann zimtfarbenen Nachwuchs bekommen können, wenn sie zufällig an ein ebensolches oder ein darin spalterbiges Männchen geraten. Da es in der Natur kaum vorkommt, daß sich Vater und Tochter verpaaren, stirbt diese an sich durchaus lebenstüchtige Mutation in Freiheit immer wieder aus, während sie sich bei gerichteter Zuchtauswahl verhältnismäßig schnell vermehren läßt (s. Foto 24). Die Farbe der Zimt-Zebrafinken kommt durch das Verschwinden des Schwarz aus dem Eumelanin zu Gunsten der eher bräunlichen Tönung zustande. Grau als verdünntes Schwarz ist aber immer noch vorhanden, besonders deutlich sichtbar im Brustband. Die Männchen-Zeichnung besitzt volles Phäomelanin.

IMMELMANN sah im australischen Busch ein zimtfarbenes Weibchen, während KRAUSE in den riesigen, von ihm gefilmten, Schwärmen keines entdecken konnte. In Europa jedoch sitzen die Käfige der Vogelliebhaber voll mit Zimt-Zebrafinken, die inzwischen auch in der Breite zu außerordentlich schönen Schauvögeln herausgezüchtet wurden. Alle grauen Töne des Wildvogels sind hell graubraun, bei den Männchen mehr ins Graue, bei den Weibchen mehr ins Braune spielend. In beiden Geschlechtern gibt es eine hellere und eine dunklere Phase, wobei die helle vorgezogen wird. Die Farbe der Zeichnung entspricht weitgehend der Wildfarbe. Das Großgefieder ist tief dunkellbraun. Bei der ganz hellen Phase sind auch Zeichnungs- und Großgefiederfarbe etwas heller.

Bei allen geschlechtsgebunden vererbenden Spielarten muß man sich für die Praxis merken, daß grundsätzlich nur Männchen und **niemals Weibchen** spalterbig sein können, weil die bestimmte Eigenschaft – in unserem Falle die braune Gefiederfarbe – erblich an die Geschlechtschromosomen gebunden ist. Wer tiefer in die Genetik eindringen will, dem sei das Lehrmeister-Buch Nr. 590 von BENL empfohlen.

Dazu einige praktische Beispiele:

- 1,0 Zimit x 0,1 Zimt = 100 % Zimter beiderlei Geschlechts.
- 1,0 Zimt x 0,1 Grau = Hähne Grau/zimt, Weibchen Zimt.
- 1,0 Grau/zimt x 0,1 Zimt = 50 % Zimter beiderlei Geschlechts, 25 % Graue Hähne/zimt, 25 % Graue Weibchen, **reinerbig.**
- 1,0 Grau/zimt x 0,1 Grau = 25 % Zimt-Weibchen; die übrige Nachzucht ist Grau, die Männchen zur Hälfte spalterbig in Zimt.

Das zuletzt genannte Beispiel empfiehlt sich in der Praxis nicht, weil man die reinerbigen und die spalterbigen Hähne äußerlich nicht, sondern erst durch Test-Verpaarungen voneinander unterscheiden kann. Wie wir weiter unten noch sehen werden, sind Zimtzebrafinken für die Einkreuzung in verschiedene andere Farben von Nutzen.

Die ersten **Dominanten Silber-Zebrafinken** sollen nach af ENEHJELM in Australien gezüchtet, jedenfalls von dort gekommen sein. Es ist dies die einzige Zebrafinken-Varietät, die sich in der Vererbung dominant (vorherrschend) zur Wildfarbe (Grau) verhält, obwohl sie eigentlich eine Verdünnung der Grundfarben (Eu- wie Phäomelanine) darstellt. Aus der eher schiefer-dunkelgrauen Grundfarbe wird ein bläuliches Silbergrau, weshalb geschäftstüchtige Händler diese Vögel auch zunächst als „Blaue Zebrafinken“ zu entsprechend hohen Preisen anboten. Auf die Dauer hat sich das nicht halten können, ebenso wenig wie die „Blauen Kanarien“, wie schieferfarbene früher genannt wurden (Foto 9).

Durch das freundliche Entgegenkommen von af ENEHJELM, war ich wohl in der Bundesrepublik der erste, der 1956 Domestizierte Silber-Zebrafinken aus Finnland erhielt und auch gleich im ersten Jahr nachzüchtete. Deshalb habe ich ihren Werdegang seither mit besonderem Interesse verfolgt, muß aber sagen, daß sie nie so populär wie viele andere Farbschläge geworden sind. Das liegt wahrscheinlich an der großen Variationsbreite der Grundfarbe, die von fast Normal-Grau über beige-bräunliche Töne im Mantel und auf den Flügeldecken bis zu den relativ wenigen, wirklich silbergrau zu nennenden Tierchen reicht, die durchgehend reinfarbig sind, dabei zart rosa-gelbliche bis fast weiße Wangenflecke und rosa Flanken zeigen. Die dazugehörigen Weibchen sind rein silbergrau, Unterseite wenig heller; Tränenstriche und Schwanzbänderung hellgrau in beiden Geschlechtern. Die dunkle, fast normal-graue Silberform hat auch fast normale Zeichnungsfarben und ist schon wegen der großen Ähnlichkeit zur Wildfarbe weniger interessant, fällt aber auch mitunter aus guten Silbervögeln.

Die beige-bräunlichen Tierchen zeigen diese Farbe sozusagen als Sattel bei silber- bis dunkelgrauem Hals- und Kopfgefieder, meist auch recht fleckiger Farbverteilung im ganzen, Zeichnungsfarbe variabel von fast normal bis stark verdünnt. Das wirkt wenig harmonisch, die Farben passen nicht zusammen. Da anzunehmen ist, daß die bräunlichen Töne lokalrassenbiologischen Ursprungs sind (vergl. Kapitel über Wildfarbige und Graue), sind sie sehr schwer fortzuzüchten. Unmöglich ist es nicht, sonst hätte man nicht inzwischen reinfarbige Silber herauszüchten können, wobei die Dominanz der Silber erleichternd hinzukommt.

Aus der dominanten Vererbung ergibt sich, daß Graue nicht spalterbig in Silber sein können, wohl aber umgekehrt, und die meisten Silber sind in der Tat spalterbig in Grau, so daß aus Silber x Silber, ungeachtet des Geschlechtes, meist auch Graue mit fallen. Ist das nicht der Fall, so haben wir reinerbige Silber vor uns, die aus wiederholten reinen Silberverpaarungen stammen. Bereits in der zweiten Generation wären 25 % reinerbige Silber zu erwarten. Hier soll ein Letalfaktor im Spiele sein, weil es bisher kaum reinerbige Silber gibt eine Verpaaarung Silber × Silber deshalb auch nicht zu empfehlen ist. In Größe und Typ lassen die meisten Silber nichts zu wünschen übrig.

Bereits in den sechziger Jahren tauchten **rezessiv vererbende Silber-Zebrafinken** bei uns auf, die aus der DDR hierher gelangt waren. Wenig später sind sie in der Bundesrepublik Deutschland ausgestellt und ein anerkannter Farbschlag geworden. Nach OPPENBORN wurden rezessiv vererbende Silber-Zebrafinken außerdem aus Japan eingeführt, nach JÖDICKE auch aus Holland. Sie zeigen im Gegensatz zu Dominanten Silber eher eine bräunliche Silberfärbung. Bei ihnen ist nur das Eumelanin verdünnt, das Phäomelanin aber voll erhalten geblieben. So neigen sie auch zu einer hellen Fleckung auf dem Rücken und auf den Flügeldecken. Gelegentlich sieht man auf Ausstellungen aber schon bessere Exemplare (Foto 10 und 20).

Die von Prof. STEINER, Zürich, 1954 erstmals beschriebenen **Hellrücken** (Foto 23) sind nach OPPENBORN, dem wir auch die erste (1974) klare Beschreibung verdanken, in Holland weiterentwickelt worden. Der Name Hellrücken ist gerechtfertigt, fällt doch der nahezu in allen Individuen gleichbleibend gute Kontrast zwischen der perlgrauen Mantelfarbe und der verdünnten wildfarbenen Zeichnung angenehm ins Auge. Die Schwanzbänderung ist tief schwarzweiß, das Großgefieder dagegen grau. Binnen weniger Jahre sind sie mit zu den beliebtesten Schau-Zebrafinken geworden, zumal sie auch in Größe und Typ hervorragen. Die Vererbung ist geschlechtsgebunden. Hellrücken mit anderen geschlechtsgebundenen oder rezessiv vererbenden Varietäten zu kombinieren, hat größtenteils zu überraschend guten Ergebnissen geführt. Z. B. zog OPPENBORN die besten Hellrücken mit Hilfe von Marmorsets:

- 1,0 Hellrücken x 0,1 Marmorset = Hähne: Hellrücken/marmorset, Weibchen: Hellrücken

aber:

▸ 1,0 Marmorset x 0,1 Hellrücken = Hähne wie oben, Weibchen: Marmorsets.

Mithin hat OPPENBORN den Beweis erbracht, daß die Hellrükkeneigenschaft allelomorph zu den weitaus älteren Marmorsets gehört, auf die wir nachfolgend zu sprechen kommen werden. Die Marmorsets aus diesen Verpaarungen sind allerdings stark pigmentfleckig und als Schauvögel deswegen selten brauchbar. Über weitere Verwendungsmöglichkeiten der Hellrücken wird noch unter Kombinationsfarben zu sprechen sein.

Marmorset-Zebrafinken, gegen Ende der fünfziger Jahre in der Keston Foreign Bird-Farm in England unter dem Namen „Chestnut flanked White" (= „Weiße mit kastanienfarbenen Flanken") herausgezüchtet, werden häufig irrtümlich „Mamosett" oder gar „Marmosetten" genannt. „Marmorset" ist französisch und bedeutet frei übersetzt etwa „marmorgemustert", was der dunklen Zeichnung der Vögel auf hellem Grunde zumindest nahekommt. Bei ihnen sind die Eumelanine stark reduziert, die Phäomelanine aber auch nur bedingt erhalten geblieben. Am Anfang war es das Zuchtziel, daß die – wie wir schon gesehen haben – geschlechtsgebunden vererbenden Marmorsets auf rein weißem Grunde eine der Intensität nach vollständig der Wildfarbe gleichende Zeichnung haben sollten. Die ersten Marmorsets waren weit entfernt davon und sehr klein. Verglichen mit den heutigen besten Schauvögeln, ist viel erreicht worden, obwohl man eigentlich konträr laufende Ziele verfolgen mußte. Mit anderen Worten: Je reiner das Weiß, um so blasser ist in der Regel die Zeichnung, während Vögel mit sehr kräftiger Zeichnung eher ein schmutziges Weiß zeigen, manche Weibchen fast graue Köpfe, nicht nur dunkle Tränenstriche, wie der Standard dies vorsieht. Gerade das sind aber die Mütter der bestgezeichneten Hähne, wie man nach langem Experimentieren erkannte (s. Foto 11).

Zusammenfassend soll der ideale Schauvogel in allen Merkmalen der Zeichnung der Wildfarbe so nahe wie möglich kommen, die weiße Grundfarbe so rein wie möglich sein. Ein grauer Schimmer bei über Grau gezüchteten Vögeln und ein beiger bei über

Zimt gezüchteten, werden nicht mehr als Fehler betrachtet, womit gleich gesagt ist, welche Anleihen an Dunkelfarben in der Marmorsetzucht von Zeit zu Zeit ratsam sind. Fortgesetzte Reinzucht führt nämlich wieder zur Verblassung der Zeichnung und zur Verminderung der Größe. Die Schnabel- und Beinfarbe soll dem Wildvogel entsprechen, was auch nicht schwer zu erreichen ist. Dort gibt es heute selten etwas zu beanstanden. Marmorsets bieten sich also an, mit gutem Erfolg zusammen mit Grauen und Zimtern in einem Stamm gezüchtet zu werden. Ihre Fruchtbarkeit und Vitalität läßt nichts zu wünschen übrig. Als am schwierigsten zeigt sich noch immer die Intensivierung der Wangenflekke, während die übrigen Zeichnungsfarben in den besten Stücken heute weitgehend der Wildfarbe entsprechen.

Gescheckte Zebrafinken sind nach dem Kriege in Dänemark herausgezüchtet worden. Ihre Haltung und Zucht ist insofern sehr reizvoll, als kaum ein Vogel dem anderen gleicht. Die Variationsbreite reicht von Tierchen mit nur einer hellen Schwinge oder einem winzigen weißen Kehlfleck, bis zu fast weißen Vögeln mit nur wenigen dunklen Federn. Das Ideal des Schönheitsstandards sind Zebrafinken mit symmetrischer Scheckung, die sich gleichmäßig auf das Gesamtgefieder verteilt, wobei die dunklen und die hellen Zonen sich etwa die Waage halten. Die Hähnchen sollen ihre gesamte männliche Zeichnung auf beiden Seiten aufweisen können. Sie darf mit weißen Federn durchsetzt sein. Diese Tierchen sind trotz der Fruchtbarkeit der Schecken gar nicht so leicht zu erzielen, denn es fallen mehr asymmetrische Schecken und alle möglichen Zwischenstufen (s. Foto 2).

Die Vererbung ist teildominant, was die Scheckenzucht für den Anfänger etwas verkompliziert. Wird eine noch so gute Schecke an einen dunklen Vogel gestellt, so sind hauptsächlich dunkle Zebrafinken zu erwarten, aber ein Teil von ihnen, meist sogar der größere, hat wenige weiße Federchen, wofür Kopf, Hals und Großgefieder prädestiniert sind. Das sind genetisch bereits Schekken. Untereinander verpaart bringen sie außer ihresgleichen etwa 25 %, mitunter auch mehr, Schecken aller oben erwähnten Kategorien. An einen guten gescheckten Partner gestellt, sind von solchen Vögeln 50 % und mehr hellere Schecken verschiedener Schattierung zu erwarten. Selbstverständlich können darunter auch symmetrisch gescheckte Schauvögel beider Geschlechter vorhanden sein.

Ein Paar gut gezeichneter Schecken, vielleicht sogar beides Siegervögel von den Ausstellungen, bringt dagegen längst nicht immer Schauvögel. Die meisten Jungen von einem solchen Paar werden zu hell sein. Aus alledem ist für die Zucht schön gezeichneter Schecken die goldene Regel abzuleiten, einen für die Ausstellung zu dunklen Schecken an einen zu hellen zu verpaaren. Das Geschlecht spielt dabei keine Rolle. Daraus sind die meisten gleichmäßig gezeichneten Schecken zu erwarten. Der Anfänger tut deshalb sich und seinem Geldbeutel keinen Gefallen, Schausieger paarweise zu kaufen. Wenn er welche erwirbt, kauft er am besten anderswo preiswert ein Paar zu dunkle Schecken und paart sie zu den Siegern. An Größe und Typ lassen die heutigen Schecken nichts zu wünschen übrig. Es ist daher nicht unbedingt notwendig, durch mehrere Generationen an reine Dunkelvögel auszukreuzen, gut dagegen, wenn der eigene Scheckenstamm im Durchschnitt zu hell geworden ist. Aufgehellte Mutationen wie Weiße, Marmorsets usw. einzukreuzen, führt zu einem unschönen Mischmasch, dessen Genotyp außerdem nicht erkennbar ist.

Pinguin-Zebrafinken. Über diese Bezeichnung wird in Fachkreisen viel gelästert. Zu Recht, denn diese Varietät hat weder etwas mit Pinguinen, noch mit Zebras, nicht einmal mit Finken zu tun, denn Prachtfinken sind mit echten Finken nur ganz entfernt verwandt. Der Name hat sich nun einmal eingebürgert, und nichtsdestoweniger handelt es sich um besonders hübsche Vögel; ein Leckerbissen für Fortgeschrittene, weil ihre Zucht bis zur vom Standard geforderten Perfektion nicht einfach ist. Sie heißen auch Weißbauch-Zebrafinken, was ebenso treffend, aber weniger klangvoll ist (s. Foto 15 und 25).

Tatsächlich haben die schönsten unter ihnen eine rein weiße Unterseite, die sich bei den Weibchen bis zu den Wangen heraufzieht. Den Männchen fehlen die Zebrazeichnung an Hals und Vorderbrust, sowie das Brustband vollständig, alle übrigen Merkmale ihres Geschlechts haben sie beibehalten, auch die rostbraunen Wangenflecke und die rostrote Flankenzeichnung. Das Rükkengefieder ist im ersten Jahr oft ganz grau, die Schwanzbänderung etwas verdünnt, eher grau als schwarz. Ab etwa dem zweiten Lebensjahr bekommen insbesondere die Männchen hellgraue Säume an den Flügeldecken und Schwingen, weshalb diese Varietät in Holland „Silberflügel" genannt wird. Anfangs hatte man in der Bundesrepublik versucht, die hellen Säume fortzuzüchten, mußte jedoch bald erkennen, daß dies nicht möglich ist. Offenbar ist die partielle Aufhellung des Rückens bei Männchen dieser Mutation genetisch verankert, während die Oberseite der Weibchen eher dunkel bleibt. Es handelt sich also um eine geschlechtsdimorphe Eigenart.

Der Standard fordert eine rein weiße Unterseite, bei den Weibchen keine Schwierigkeit, bei den Männchen dagegen ein Problem. Wohl gibt es in der Spitze inzwischen Vögel, die diese Forderung erfüllen, und es werden von Jahr zu Jahr mehr. Dennoch zeigen noch viele Pinguinhähne verdünnte Zebrazeichnung, zumindest eine dunkle Schattierung. Außerdem bleiben viele Männchen klein, während die Weibchen in Typ und Größe im Schnitt sehr gut sind. Auskreuzungen mit guten Grauen bringen prompt die Zebrazeichnung am Hals zurück. Erschwerend kommt hinzu, daß Pinguin-Zebrafinken rezessiv vererben, man also bei Anleihen an andere Dunkelfarben erst wieder in der zweiten Generation die Pinguin-Varietät zu erwarten hat. Pinguin x Grau bringt unabhängig vom Geschlecht der Ausgangsvögel nur graue Nachzucht, die sämtlich spalterbig in Pinguin ist. Die meisten dieser Männchen haben einen rein weißen Bauch. Ein Paar Spalterbige zeitigt nur 25 % Pinguin-Nachzucht. Der Rest ist grau, 25 % davon reinerbig, weshalb diese Verpaarung kaum gemacht wird. Ich empfehle eine Paar-Zusammenstellung von einem möglichst guten Pinguin-Hahn ohne Zebrazeichnung an ein großes spalterbiges Weibchen. Davon sind 50 % Pinguin-Zebrafinken in beiden

Geschlechtern zu erwarten und die übrigen 50 % sind spalterbig. So kann man am einfachsten Typ und Größe verbessern und mit etwas Glück auch einige Männchen züchten, die in der Zeichnung ebenso gut wie der Vater sind. Kombinationen mit anderen Farbschlägen siehe weiter unten.

Schwarzbrust-Zebrafinken. War es eine lange Zeit ein Wunschtraum schwarze Zebrafinken zu züchten, wobei sich leider die meisten aufgetretenen Schwärzlinge (s. Foto 28) als krankhafte Aberrante (Abweichung) erwiesen hatten, so wurde den Liebhabern mit dieser Mutation doch ein erfreulicher Ersatz beschert. Die vorangegangenen Schwärzlinge waren nur im Jugendkleid mehr oder minder schwarz gewesen und bei der Umfärbung entweder eingegangen oder hatten sich bei der Mauser ins Alterskleid ganz normal in Grau umgefärbt. Sie waren vorwiegend in Käfigzuchten aufgetreten, die kaum Sonnenlicht und/oder eine einseitige Fütterung bekamen. Derlei ist bereits mit anderen Prachtfinken und Finken im Experiment oder zum Zweck bewußter Täuschung nachvollzogen worden, obwohl es nach JÖDICKE inzwischen in Holland einen Stamm geben soll, der vorübergehende Schwarzfärbung weiter vererbt.

Bei den erblichen Schwarzbrust-Zebrafinken, die erstmals 1968 in Hannover aus gewöhnlichen Grauen herausgespalten und von OPPENBORN weiter gezüchtet und beschrieben worden sind, ist das schwarze Brustband grauer Hähne bis fast zur Kehle ausgedehnt. Lediglich unterhalb der Kehle sind weiße Federchen in das Schwarz eingesprengt. Es sind eher Tupfen als Striche, weshalb bei ihnen nicht von einer Zebrazeichnung gesprochen werden kann und der Eindruck einer fast völlig schwarzen Vorderbrust entsteht (s. Foto 1).

Dafür sind die Tupfen der Flankenzeichnung länglich statt rund, weshalb hier von einer Strichzeichnung zu sprechen ist. Desgleichen zeigen diese Zebrafinken in den Oberschwanzdekken keine Querbänderung, sondern auf bräunlich-grauem Grund eine dunkle Schaftstrichelung. Die Tränenstriche fehlen. Zwischen Auge und Schnabel sind die Vögel rein weiß, aber der

Oberschnabel ist dafür intensiv schwarz eingefaßt. Diese schwarze Zeichnung läuft seitwärts vom Unterschnabel fein aus. Die schwarze Schuppung auf dem Kopf ist stärker ausgeprägt als bei Grauen. Kopf, Hals und Rücken sind schiefergrau, die Flügeldecken bräunlich. Die Säume der Decken und Schwingen sind rostrot, was einen aparten Farbeffekt mit sich bringt. Die rostbraunen Wangenflecke der Männchen sind leuchtender und größer. Sie reichen fast bis zum Nacken. Diese Farbeffekte entstehen durch verstärkte Phäomelanineinlagerung an den genannten Gefiederstellen. Die Unterseiten der Männchen sind weiß, die des Weibchens beige-bräunlich.

Schwarzbrust-Zebrafinken sind stärker und größer als alle anderen Varietäten. Hier liegt zugleich der Grund für ihre merkwürdige Abweichung von allen bisher bekannt gewordenen Zebrafinken: Schwarzbrust-Zebrafinken besitzen eine andere Gefiederstruktur. Die einzelnen Federn sind größer und gröber, im Gegensatz zu den sogenannten Buff-Typen (= grob und blaß gefiedert) aber dennoch dicht geschlossen und infolgedessen glatt anliegend. Hierdurch werden die schwarzen Stellen im Gefieder verbreitert und vergrößert, die Flankentupfen und auch die Schwanzdecken sozusagen langgezogen. Die Oberschwanzdekken sind beige-bräunlich mit schwarzem Schaft, der sich seitwärts verbreitert. Lediglich die Federenden sind weiß. Dadurch entsteht der Eindruck einer Längsstrichelung (s. Foto 29). Gekoppelt damit sind die weiteren Abweichungen nach Farbe und Zeichnung, sowie deren Intensität.

Wegen ihrer kräftigen Gestalt wirken Schwarzbrust-Zebrafinken robust, sind es aber nicht immer, sondern etwas empfindlicher als andere Spielarten, deshalb für die Freivolierenhaltung bestenfalls während der warmen Sommermonate geeignet. Ihre Zucht ist in Einzelhecke ergiebiger, und sie sollten wärmer überwintert werden.

Die Vererbung der Schwarzbrust-Zebrafinken ist rezessiv (vgl. Pinguin). Die Spalterbigen sind erkennbar: Die Männchen an eher länglich aussehenden Flankentupfen, beide Geschlechter am kräftigeren Schwarz um den Schnabel und einer verwaschen wirkenden Schwanzbänderung. Schwarzbrust-Weibchen zeigen meist angedeutete graue Wangenflecke und viele auch einige dunkle Federn auf der Brust, was ihnen seitens des Schaustandards nicht als Fehler angelastet wird. Wie keine andere Mutation haben Schwarzbrust-Zebrafinken zu vielen interessanten und farbenfreudigen Kombinationen geführt.

Schimmel-Zebrafinken lasse ich ganz bewußt hier folgen, obwohl sie in das Kapitel „Kombinationen" gehörten, nämlich entstanden aus Schwarzbrust x Weiß. Die ersten Schimmel fielen schon bald nach den ersten Schwarzbrust. Vermutlich sind die besten Grauen, aus denen die Schwarzbrust als Neumutation entstanden, auch spalterbig in weiß gewesen. Rezessive Eigenschaften können durch viele Generationen versteckt weitervererbt werden, bis sie durch zufälliges Zusammenkommen spalterbiger Partner wieder zu Tage treten. Kopf und Schwanz der Schimmel sind meistens rein weiß, aber schon im Nacken beginnt ein schimmelartiger grauer Anflug, der sich ungleichmäßig über die ganze Oberseite einschließlich der Flügeldecken und Schwingen erstreckt. Es handelt sich vorwiegend um ein verdünntes Grau, wobei die einzelnen Federn mit Weiß durchsetzt sind. Dadurch entsteht der Schimmeleindruck. In manchen Stücken reicht das Grau im Ton an das der Wildfarbe in einzelnen Federn heran, und sämtliche Männchen haben eine mehr oder minder deutlich ausgeprägte Andeutung von Brustband. Die übrige Unterseite ist in beiden Geschlechtern weiß (Foto 26).

Oppenborn hat die Schimmel drei Jahre rein und in Verbindung mit Schwarzbrust durchgezüchtet, wobei etwa im gleichen Verhältnis Schwarzbrust und Schimmel fielen wie bei der Zucht Grau x Weiß und umgekehrt (vergl. dort). Er hat sie auch über Zimt gezüchtet, wonach die Zimt-Schimmel einen deutlichen bräunlichen statt eines grauen Anflugs haben. Leider fehlen vorläufig authentische Berichte zu der Verpaarung Schimmel x Weiß usw. An sich ist die Schimmelzeichnung von der schlechter Weißer recht verschieden, denn letztere haben entweder nur einzelne dunkle Federn in das Weiß eingesprengt oder ein zusammenhängendes, verschieden großes dunkles Feld in der Rückenmitte.

Mögen Schimmel farblich für manchen Geschmack nicht sehr ansprechend sein, so sind die meisten doch in Typ, Form und Größe den Schwarzbrust ebenbürtig und haben sich infolgedessen einen Platz am Rande der Schwarzbrustzucht erobert.

Gelbschnäbelige Zebrafinken. Die ersten Gelbschnäbel sind bereits in den sechziger Jahren aus Grauen und Zimtern in der Bundesrepublik und wahrscheinlich auch anderenorts aufgetreten. Vermutlich wurden sie oft übersehen, weil bei den Neumutanten dieser Spielart die Schnäbel bestenfalls als orangefarbig zu bezeichnen waren. Außerdem neigen in allen bekannten Farben manche Weibchen zu blasseren Schnäbeln, während sie vom Standard für beide Geschlechter möglichst tief rot verlangt werden.

Wieder war es OPPENBORN, der über Marmorsets die ersten wirklich Gelbschnäbel zu nennenden Zebrafinken herausbrachte. Heute gibt es sie in nahezu allen bekannten Farbschlägen, wenn auch nach wie vor in unterschiedlicher Qualität. Es ist dies bisher die einzige Varietät unter domestizierten Vögeln schlechthin, deren abweichende Färbung sich allein auf die Hornteile beschränkt, denn Beine und Füße sind meist auch etwas blasser. Ihre Vererbungsweise ist rezessiv. Nach OPPENBORN, dessen Verdienst es ist, die Gelbschnäbel in der Bundesrepublik herausgezüchtet und ihren Erbgang festgestellt zu haben, sehen die dunklen Farbschläge im Kontrast zum gelben Schnabel am schönsten aus. Aus Rot- x Gelbschnäblig fallen folglich nur Vögel mit roten Schnäbeln, die spalterbig in gelbschnäblig sind.

Hauben-Zebrafinken mußte es eines Tages geben, da Hauben früher oder später bei allen domestizierten Vögeln aufgetreten sind, von Tauben und Hühnern angefangen. Generell reicht die Haubenbildung von struktureller Veränderung des Schädeldaches, teilweise sogar unter abnormer Beeinflussung des Gehirns (REQUATE, ZISWILER), bis zu einem simplen Wirbel im Hautbett der Federwurzeln. Letzteres ist bei Zebrafinken der Fall. Die Haubenbildung ist also hier mit keinerlei Gehirnschäden verbunden (vergl. RADTKE a. a. O.). Im allgemeinen sind Vogelfedern dachziegelförmig angeordnet. Durch einen Wirbel auf der hinteren Kopfmitte wachsen sie dort strahlenförmig von einem Mittelpunkt aus nach allen Seiten, wodurch der Eindruck einer Federhaube entsteht (s. Foto 3).

Zebrafinken mit Hauben wurden in Japan herausgezüchtet. Die Japaner haben ein besonderes Geschick in der Schaffung bizarrer Vogelformen. OPPENBORN importierte den ersten 1973 über Holland. Am Anfang waren die Hauben-Zebrafinken recht klein und ihre Hauben sehr unterschiedlich, das heißt von nur wenigen hochstehenden Federn bis zu schönen Rundhauben reichend. Es gelang, durch Anpaarung an kräftige Graue, die Größe zu verbessern und es fielen gleich 50 % Hauben und 50 % Glattköpfe. Die Vererbung ist also dominant wie bei allen übrigen Haubenvögeln, doch empfiehlt es sich, keinesfalls zwei Haubenvögel miteinander zu verpaaren – die goldene Regel in der Haubenzucht – da deren Nachkommen zur Degeneration und zu geringer Größe neigen, im übrigen die Hauben dadurch eher schlechter als besser werden. Die Möglichkeit besteht, Hauben-Zerbrafinken in allen bekannten Farben zu züchten, wobei jedoch stets darauf zu achten ist, daß nur kräftige Partner, gleich welcher Farbe, Verwendung finden. Die mit anfallenden Glattköpfe sollten wieder in der Haubenzucht gebraucht werden, da sich dadurch die Form und Größe der Hauben verbessert. Das ist eine weitere Grundregel in der Haubenvogelzucht, die OPPENBORN auch bei Zebrafinken bestätigt fand. Es sind bereits gehäubte Zebrafinken in vielen Farben auf Ausstellungen gezeigt worden, die meisten heute in guter Größe und von ansehnlichem Typ.

Hellbrust-Zebrafinken (s. Foto 14 und 21) wurden nach JÖDICKE um 1962 in Holland erstmals gezüchtet und 1975 von OPPENBORN in die Bundesrepublik importiert. Es handelt sich um beigefarbene Vögel, die in der Grundfarbe etwa zwischen Zimt und Creme stehen. Von diesen Farbschlägen unterscheiden sie sich aber darüber hinaus durch das Fehlen von Tränenstrichen, sowie blassere Beine und Füße. Die Männchen zeigen eine beigefarbene Kehle und Vorderbrust mit nur schwach erkennbarer Zebrazeichnung, kein Brustband, aber eine deutliche Abgrenzung zur weißen Unterseite. Die ersten Vertreter sollen sehr klein mit schmalen, flachen Köpfen gewesen sein, in ihrer Vererbungsweise rezessiv, obgleich sie nach JÖDICKE aus Zimtern herausgezüchtet worden sind und sich bei Verpaarung an andere Farbschläge im Erbgang wie Zimter verhalten sollen. Bei ihnen ist das Eumelanin stark verdünnt, während das Phäomelanin voll erhalten geblieben ist. Nachdem sie in jüngster Zeit in Typ und Größe verbessert werden konnten, im übrigen auch im Einheitsstandard als Schauvögel in einer besonderen Klasse anerkannt sind, stellen sie wegen ihres vollen Phäomelanins geeignete Kreuzungspartner für die Kombinationszucht mit manchen anderen Farbschlägen dar (siehe Kapitel Kombinationsfarben). Die Weibchen sind allerdings ziemlich unscheinbar und können überdies leicht mit Creme-Weibchen verwechselt werden. Im männlichen Geschlecht ist eine Verwechselung mit schlecht gezeichneten Zimt-Pinguin möglich.

Nach JÖDICKE sind Hellbrust auch bereits in Grau gezüchtet worden, die in ihrer silberbräunlichen Grundfarbe den Rezessiven Silber-Zebrafinken ähnlich sehen sollen.

Bleiwangen-Zebrafinken. Die ersten Bleiwangen sind nach OPPENBORN schon 1968/69 aus einer Verpaarung 1,0 Pinguin x 0,1 Zimt-Marmorset, damit aus einem rezessiv und einem geschlechtsgebunden vererbenden Farbschlag in Belgien gefallen, während sie selbst dominant vererben. Das hatten wir in der Entwicklung der Zebrafinken-Farbschläge bisher noch nicht, wie diese Vögel auch sonst noch manche merkwürdige Überraschung zu bieten haben. Seit 1979 hat sich OPPENBORN derselben angenommen, um sie zunächst nur mit Marmorset- und Hellrücken-Zebrafinken zu verpaaren. Bei der Verwendung gut gezeichneter Marmorsets fielen Junge mit an Eidechsen erinnernden spitzen, flachen Köpfen und Augenfehlern, die in der Zoologie als Mikrophtalmus (Lidspalterverkürzung) bekannt geworden sind und in den schlimmsten Fällen bis zur ein- oder beidäugigen Erblindung führen. Das letzte Stadium bei der Weiterzucht mit diesen Vögeln sind dann Individuen, denen ein oder beide Augen ganz fehlen und die noch dazu verkrüppelte Füße haben. Nahm OPPENBORN dagegen als Schauvögel weniger hoch durchgezüchtete Marmorsets, z. B. solche mit dunklen Köpfen und/oder blasser Schwanzbänderung, sowie Hellrücken als Partner für die Bleiwangen, so fiel merklich weniger Nachzucht mit den beschriebenen Defekten. Selbst aus einer Verpaarung Bleiwange x Bleiwange bekam er dann aus selektiv gezüchteten Vögeln nur noch ein Junges mit Augenfehlern. Daraus würde sich eine Abhängigkeit dieser bösen Erbfehler vom Genhintergrund, mithin vom Farbschlag ergeben. Um mehr Licht in diese Sache zu bringen, müßten aber die vorläufig vorhandenen Bleiwangen in sämtliche bestehenden Farbschläge eingekreuzt und die Ergebnisse getestet werden.

In Holland sind inzwischen aus Bleiwangen über Graue sogenannte „Grauwangen“ und über Zimter „Braunwangen“ gezüchtet worden, die durch fast totalen Ausfall von Phäomelanin dunkelgraue bis braune Wangenflecke haben, im übrigen bei dieser Varietät auch die Weibchen, ein besonderes Charakteristikum der Bleiwangen. Die ersten Bleiwangen in der Bundesrepublik hatten alle überwiegend weiße Köpfe, möglicherweise ein Marmorset-Erbe. In Holland hat man seither vorzugsweise Bleiwangen mit überwiegend aufgehellter, also fast weißer Oberseite und dunkler (beige-bräunlicher) Unterseite gezüchtet. Dieser Typ hat dort auch als Schauvogel den Vorzug.

In der Bundesrepublik ist man dagegen bemüht, Wangen-Zebrafinken (Name als Sammelbegriff) in möglichst allen bekannten Farben zu züchten, schon allein um dahinterzukommen, ob die (Eumelanin-) Wangeneigenschaft tatsächlich an die teilweise Weißfärbung des Gefieders gekoppelt ist. Natürlich auch, um die immer noch vorkommenden Augenfehler zu eliminieren.

Orangebrust-Zebrafinken. Nach OPPENBORN entdeckte ein belgischer Züchter 1978 in einer Vogelhandlung in einer großen Schar Zebrafinken ein graues Männchen, dessen Schnabelstriche,

Tränenstriche und teilweise das Brustband orange statt schwarz, bzw. (Brustband) mit rosa Federn durchsetzt war. Die Schwanzbänderung zeigte neben schwarz-weißen ebenfalls rosa Federn, während die Grundfarbe eher von blaugrauer als von graubrauner Tönung war. Bei der Verpaarung mit zwei grauen Weibchen stellte sich erstens heraus, daß es spalterbig in Zimt war, zweitens, daß die Orangebrusteigenschaft rezessiv-intermediär vererbte, denn die spalterbigen Männchen hatten ebenfalls einzelne rosa Federn an besagten Stellen, die Weibchen hellere Augenstreifen als graue, sowie eine Andeutung von Wangen- und Flankenzeichnung.

1980 wurden zwei Töchter nacheinander mit dem Vater verpaart. Die eine brachte überwiegend blinde Junge, die getötet werden mußten, die andere dagegen schöne Orangebrust-Nachzucht in beiden Geschlechtern. Die Söhne sahen wie der Vater aus, den Töchtern fehlten Schnabel- und Augenstreifen. Die Grundfarbe war ebenso graublau wie die der Männchen, Unterseite weiß, Schwanzbänderung dreifarbig: schwarz, bräunlich und weiß. Im Verlauf des weiteren Aufbaues dieses Stammes fielen auch Zimter in Orangebrust, von denen jedoch die Hähne während der Mauser fast kahl wurden, die Weibchen dagegen nicht. Allgemein stellte sich auch teilweise Blindheit wieder ein, und die Fruchtbarkeit ließ nach, was Auskreuzungen dringend notwendig machte.

Ab 1980 begann man in Holland Orangebrust-Zebrafinken bereits mit anderen Farben zu kombinieren und 1981 gelangten die ersten in die Bundesrepublik, wo sie seither von vielen Züchtern begeistert aufgenommen worden sind. 1984 wurden sie hier als Schauvögel anerkannt und mit einer Musterbeschreibung im Einheitsstandard versehen.

Leider neigen sie immer noch zu geringer Größe, wie auch Augenfehler noch gelegentlich vorkommen. Bevor man mit allzu vielen Kombinationen zu experimentieren beginnt, sollte man deshalb zunächst bemüht sein, durch wiederholte Einkreuzung von möglichst vitalen und großen Grauen, auch Hellrücken und Zimtern, gesunde und kräftige Stämme aufzubauen. Bisher blieb die orangebraune Einfärbung mit dem dunklen Eumelanin gekoppelt und zeigte sich – ausgenommen Flankenzeichnung – nur an jenen Gefiederpartien, in denen solches eingelagert ist. Wie es sich bei verdünnten Farbschlägen verhält, und ob es einmal gelingen wird, auf diesem Wege überwiegend rote Zebrafinken zu züchten, muß die Zukunft lehren.

Nach JÖDICKE zeigen einige Weibchen angedeutete rötliche Wangenflecke und entsprechende Flankenzeichnung. Vor einiger Zeit sandte mir jemand ein Farbfoto von einem überwiegend rotbraunen Zebrafinken-Hahn, der aus gewöhnlichen Grauen gefallen sein sollte. Als Jungvogel habe dieses Tier ein sehr struppiges Gefieder gezeigt und sei flugunfähig gewesen. Auf dem Foto schien der Zebrafink ausgefärbt und glatt, so daß ich dem Züchter riet, zu versuchen, diese Farbeigenschaft durch Inzucht zu fixieren. Nachdem jedoch seither nichts mehr davon zu hören war, ist anzunehmen, daß es sich hierbei nur um eine nichterbliche Modifikation gehandelt hat.

Albino-Zebrafinken

Die ersten rein weißen Zebrafinken mit roten Augen fielen nach JÖDICKE 1970 aus Marmorsets in Holland. Später fielen solche auch in der Bundesrepublik aus Marmorset-Paaren zusammen mit dunkeläugigen Marmorsets. Vererbungsversuche mit ihnen sollen bisher keine eindeutigen Ergebnisse erbracht haben. Es wird vermutet, daß es sich um Allele zu Marmorsets handelt. Es waren bisher kleine Vögel, deren Sehkraft jedoch nicht eingeschränkt war.

Als Übergang zu den Farbkombinationen mögen die sogenannten **„Rotflanken-Zebrafinken“** hier folgen, die nach HERMSEN 1975 als Neumutation aus Belgien angeboten worden sind. Die Männchen sind weiß mit orangefarbener Flankenzeichnung und bisher immer noch schwach angedeuteten Wangenflecken, die Weibchen fast rein weiß. Beide Geschlechter zeigen eine schwach graue Schwanzbänderung. Wie HERMSEN, der sich solche Vögel kaufte, selbst bald herausfand, handelte es sich um keine Neumutation, sondern um eine Kombination von Marmorset und Pinguin, die abgesehen von der Schwierigkeit einer Verbindung von einer geschlechtsgebunden und einer rezessiv vererbenden Varietät, ein jeder in zwei Generationen aus diesen Formen nachzüchten kann (siehe Verpaarungsbeispiele unter „Zimt × Pinguin“ weiter vorn).

Kombinierte Farbenzucht mit Zebrafinken

In der Theorie kann man nahezu alle Farbschläge miteinander kombinieren um Neues zu schaffen, bekommt aber in der Praxis nicht in jedem Falle etwas Schöneres heraus, sondern unter Umständen auch unansehnliche, wenig typische Tierchen, die weder Fachmann noch Laie auf Anhieb als das ansprechen können, was sie genotypisch wirklich sind. Das habe ich bei der Besprechung der Farbschläge schon mehrfach angedeutet.

Als eine der ältesten Kombinationsformen sind in ihren zarten Farben die **Creme-Zebrafinken** zu betrachten, die aus der Verpaarung von Silber und Zimt verhältnismäßig einfach zu züchten sind, obwohl es sich um eine Kombination von einer dominant mit einer geschlechtsgebunden vererbenden Varietät handelt. Da wir auf Silber mit nur einem Faktor zurückgreifen müssen, also solche, die spalterbig in Grau sind, ist zunächst mit einem größeren Anteil von Grauen und Zimtern aus diesen Verpaarungen zu rechnen. Creme-Vögel mit Zimtern verpaart, wobei wiederum das Geschlecht der Farbe nach keine Rolle spielt, zeitigen dann neben Zimtern cremefarbige Nachzucht. Creme × Creme bringen nur cremefarbene Nachzucht, die jedoch zu geringer Größe neigt.

Wie wir im Abschnitt über Silber gesehen haben, variiert natürlich auch dieser kombinierte Farbschlag im Farbton erheblich. Da es außerdem ebenso von Zimtern eine hellere und eine dunklere Farbphase gibt, sind auch die Creme nicht gleichmäßig im Farbton. Angestrebt wird eine zarte Milchkaffee-Farbe, die gleichmäßig über den ganzen Körper verteilt ist, während die Männchen ein etwas dunkleres Brustband, blaßgraue Zebrazeichnung und Schwanzbänderung haben. Ihre Wangenflecke sind beige, die Flankenzeichnung rosa mit weißen Tupfen. Dunkle Creme ähneln hellen Zimtern.

Neigten Creme-Zebrafinken viele Jahre hindurch zu geringer Größe, so sind sie inzwischen in der ziemlich breiten Spitze zu vollwertigen Schauvögeln nach Typ und Form durchgezüchtet worden. Zu empfehlen ist eine wiederholte Creme x Creme-Verpaarung, aus der nurmehr wieder Creme-Nachzucht zu erwarten ist, dennoch nicht. Um die Größe zu erhalten, sind periodische Auskreuzungen zu großen Silber und/oder Zimt anzuraten.

Gleichermaßen beliebt sind die **Zimtformen von Schecken und Pinguin,** nicht nur weil sie hübsch aussehen, sondern auch, weil sie schon wiederholt auf den Vogelschauen die Ausgangsformen in Typ und Größe übertroffen haben. Das liegt besonders an der hohen Schauqualität moderner Zimter. Natürlich sollte von solchen Vögeln ausgegangen werden. Will man nicht gleich welche kaufen (es werden ausreichend gute Zimt-Schecken angeboten) so nimmt man am besten schöne große Zimt-Hähne und stellt sie an gleichwertige Schecken-Weibchen, woraus Zimt-Weibchen mit heller Kopffleckung und ebenfalls Hähne Grau/zimt fallen (vergl. Scheckenvererbung). Untereinander verpaart bringen diese Vögel schon einen Großteil schöner Zimtschecken. Vorausgesetzt, daß von mehreren blutsfremden Paaren ausgegangen wurde, hat man mit zwei Generationen seine Zimtschecken, während die Sache umständlicher ist, wenn von Schecken-Männchen und Zimt-Weibchen ausgegangen wurde, weil man dann nur die wiederum in Zimt spalterbigen Söhne mit Kopffleckung für die Zimtscheckenzucht weiter verwenden kann. Die Töchter sind nicht spalterbig in Zimt und höchstens für die Zucht grauer Schecken zu gebrauchen.

Bei der Zucht von **Zimt-Pinguin-Zebrafinken** ist von einer geschlechtsgebundenen und von einer rezessiv vererbenden Varietät auszugehen.

Foto 1 Schwarzbrust-Zebrafinken, Pärchen

Foto 2 Grau-Geschecktes Zebrafinken-Männchen

Foto 3 Ein Paar Graue Hauben-Zebrafinken

Foto 4 Weiße Reisamadinen, Pärchen

Foto 5
Isabell-Reisamadine

Foto 6 Braungescheck tes Japanisches Mövchen mit Haube

Foto 7 Nougat-Geschupptes Japanisches Mövchen

Foto 8 Creme-Japanisches Mövchen

Foto 9 Dominant Silber-Zebrafinken-Männchen

Foto 10 Rezessiv-Silber-Schwarzbrust-Zebrafink-Männchen

Foto 11 Marmorset-Zebrafinken-Männchen

Foto 12 Bleiwangen-Zebrafinken, Pärchen

Foto 13 Nougat-Geschecktes Japanisches Mövchen mit Haube

Foto 14 Hellbrust-Zebrafink

Foto 15 Pinguin-Zebrafink-Männchen

Foto 16 Weißes Japanisches Mövchen

Foto 17 Graues Zebrafinken-Weibchen

Foto 18 Graues Zebrafinken-Männchen

Foto 19 Schwarzbrust-Marmorset-Zebrafink, Weibchen

Foto 20 Rezessiv-Silber-Zebrafinken-Weibchen

Foto 21 Hellbrust-Zebrafinken-Männchen

Foto 22 Schwarzbrust-Marmorset-Zebrafinken-Männchen

Foto 23 Hellrücken-Zebrafinken-Männchen

Foto 24 Zimt-Zebrafinken-Männchen

Foto 25 Pinguin-Grau-Zebrafinken, Pärchen

Foto 26 Schimmel-Zebrafinken-Männchen

Foto 27 Weiß-braunes Japanisches Mövchen, symmetrische Schecke

Foto 28 Zebrafinken-Schwärzling

Foto 29 obere Reihe: Schwanz und Flankenfedern von Grauen Zebrafinken; untere Reihe: Schwanz und Flankenfedern von Schwarzbrust-Zebrafinken

- Zimt-Hahn x Pinguin-Weibchen = Graue Hähne/Zimt und Pinguin, Zimt-Weibchen/Pinguin
- Pinguin-Hahn x Zimt-Weibchen = Hähne wie oben, Graue Weibchen/Pinguin
- 1,0 Grau/zimt und pinguin x 0,1 Zimt/pinguin = Graue und Zimter, Pinguin und Zimt-Pinguin zu etwa gleichen Teilen beiderlei Geschlechts, wobei die Nicht-Pinguin-Hähne wiederum in Zimt und z. T. in Pinguin spalterbig sind, die Weibchen nur in Pinguin zu 50 %.

Natürlich geht das prozentual nicht immer genau auf, aber alle oben genannten Farben sind bei einer vielköpfigen Nachzucht mehrerer Bruten zu erwarten.

- 1,0 Pinguin/zimt x 0,1 Pinguin = 25 % Zimt-Pinguin-Weibchen, der Rest Pinguin, die Hähne zu 50 % spalterbig in Zimt
- 1,0 Zimt-Pinguin x 0,1 Pinguin = Alle Töchter Zimt-Pinguin, alle Söhne Pinguin/Zimt
- 1,0 Zimt-Pinguin x 0,1 Zimt-Pinguin = 100 % Zimt-Pinguin beider Geschlechter.

Der Kürze halber: 1,0 = Hahn, 0,1 = Weibchen.

Die Grundfarbe der Zimt-Schecken und Zimt-Pinguine entspricht denjenigen der Zimter, die Zeichnung folgt den Schecken und Pinguin-Zebrafinken.

Wegen der Dominanz dieses Farbschlages ist es kein Problem, Schecken und Pinguin auch in **Silber** zu produzieren, oder gar als Mehrfachkombination in **Creme,** jedoch ist diese Zucht wegen des geringen Farbkontrastes wenig lohnend. Der Nicht-Fachmann wird kaum erkennen, was die Endprodukte darstellen. Im Sichtbild sind es blasse Vögelchen mit viel Weiß, schwachem Grau oder Beige. Von **über Zimt gezogenen Marmorsets** war schon die Rede. Sie sehen mit ihrem bräunlichen statt gräulichen Anflug ganz gut aus, und die Kombination von zwei geschlechtsgebunden vererbenden Eigenschaften ist kein Problem über die Männchen. Marmorset-Hahn und Zimt-Weibchen als auch Zimt-Hahn und Marmorset-Weibchen haben graue Söhne, die in beiden Eigenschaften spalterbig sind und bringen mit Marmorset-

Weibchen verpaart unter anderem **Zimt-Marmorsets.** Manche Marmorset-Züchter kreuzen gelegentlich Zimter zur Verbesserung von Größe und Gefieder in ihren Marmorset-Stamm ein, weshalb regelmäßig Zimt-Marmorsets mit angeboten werden. Bei Reinzucht von letzteren über mehrere Generationen kommt es leicht zur Verblassung der Zeichnung. Dann müssen wieder Graue eingekreuzt werden. Braune Spielarten haben bei allen Vögeln, nicht nur bei Zebrafinken, ein dichtes weiches Gefieder, was sich in gewissem Sinne auch auf andere Farben übertragen läßt. Sie dienen daher oft dazu, soweit sie nicht um ihrer selbst willen gezüchtet werden.

Seit einigen Jahren werden auch regelmäßig Marmorsets mit Hellrücken gekreuzt, wobei die Kombination zweier geschlechtsgebunden vererbender Mutationen über die Hähne in zwei Generationen keine besonderen Schwierigkeiten macht. Es ist dadurch vor allem gelungen, die schwarze Zeichnung der Hellrücken auf die Marmorsets zu übertragen, freilich auf Kosten der Wangenflecken, die ja bei beiden Ausgangsformen schon verdünnt sind. Das ist der Grund, warum man heute auf den Schauen überwiegend Marmorset-Hähne mit so intensiver Zeichnung sieht, wie man sie früher kaum für möglich gehalten hätte. Ihre sehr blassen Wangenflecke stehen im auffälligem Gegensatz dazu, da jedoch Hellrücken außerdem einen sehr guten Typ und gute Größe vererben, stehen so gezüchtete Marmorsets meist mit vorn.

Auf die Möglichkeit, die Eigenschaften **Haube** und **Gelbschnabel** auf alle anderen Varietäten zu übertragen, wurde bereits bei der Besprechung dieser Mutanten hingewiesen. Auch diese gehört zu der Faktorenkombination.

SCHWARZ hat zunächst durch Zufall die **Schwarzbrust-**Eigenschaft in **Pinguin-**Zebrafinken gebracht, worauf sonst wohl kaum ein Züchter gekommen wäre, da bei der einen Varietät eine wesentliche Eigenschaft die schwarze Brust ist, während bei der anderen auf der Unterseite überhaupt keine Farbe sein soll. Wider Erwarten hatten die männlichen Nachkommen aus dieser Kombination keine schwarze Brustzeichnung, dafür besonders große

Wangenflecke, sowie die typische Flanken- und Schwanzstrichelung. Ebenso war das Fehlen der Tränenstriche, dafür die dunkle Schnabelumrandung in beiden Geschlechtern erkennbar, während der rötliche Ton an den Säumen der Decken und Schwingen fehlte. Die Vererbung folgte den üblichen Regeln bei der Kombination zweier rezessiver Spielarten. In der Weiterzucht konnte SCHWARZ mit der Schwarzbrust-Einkreuzung die Größe seiner Pinguin-Zebrafinken verbessern. Auch zeigten solcherart gezüchtete Pinguine in beiden Geschlechtern im späteren Alter nicht die sonst bei dieser Varietät, insbesondere im männlichen Geschlecht, üblichen Aufhellungen der Oberseite. Dafür traten bei 80 % der Männchen wieder eine Verkleinerung der Wangenflecke und unreines Brustgefieder auf. Das war kaum anders zu erwarten, weil hier konträre Merkmale kombiniert wurden. Es ist aber inzwischen gelungen, sie durch Selektion zu verbessern, so daß man heute diese Kombination erfolgreich auf den Schauen sieht, besonders Weibchen.

Ein guter Wurf gelang OPPENBORN mit der **Schwarzbrust-Marmorset-Kombination,** mit der er 1974 begann und 1976 seine Nachzucht erstmals in Text und Bild vorstellte. Alle Schwarzbrust-Merkmale konnten auf das helle Grundgefieder der Marmorsets übertragen und gleichzeitig die Größe letzterer verbessert werden. Es sind sehr schöne Vögel, deren Rückenfarbe allerdings im Vergleich zu gewöhnlichen Marmorsets manchmal noch mit Grau durchsetzt ist. Wie schon erwähnt hat er auch mit Hellrükken-Einkreuzung sehr schöne Marmorsets mit dunkler Zeichnung gezogen, Grundfarbe allerdings nicht mehr weiß sondern blaßhellgrau (Foto 19, 22).

Wegen der geschlechtsgebundenen und damit vom männlichen auf das weibliche Geschlecht dominanten Vererbungsweise der Marmorsets und der rezessiven Vererbungsweise der Schwarzbrust folgt die Herauszüchtung von Schwarzbrust-Marmorsets den auf S. 49 für die Zucht von Zimt-Pinguin-Zebrafinken angegebenen Beispielen. Das gilt im übrigen auch für die Zucht von **Schwarzbrust in Zimt,** deren Erstzüchter ebenfalls OPPENBORN ist. Sie werden von manchen Liebhabern für die farblich schönsten Zebrafinken überhaupt angesehen, weil sich die gewöhnliche graubraune Zimtfarbe bei ihnen in ein kräftiges Rotbraun verwandelt, wozu die roströtlichen Deckensäume besonders gut passen. Außerdem verlaufen die bei Schwarzbrust-Zebrafinken ohnehin vergrößerten Wangenflecke bei Zimt-Schwarzbrust in den besten Stücken im Nacken zusammen und bis herab zum Brustband, was den rotbraunen Gesamteindruck im Gefieder verstärkt. Häufig ist auch die Augeniris rotbraun und kommt damit wieder auf die Augenfarbe der Wildvögel hinaus. Die Weibchen zeigen eine braune Schnabeleinfassung und braune Schaftstrichelung in den Oberschwanzdecken, meist auch angedeutete Wangenflecke in blaß-grau-brauner Tönung, die auch dieser Kombination natürlich nicht als Fehler angerechnet werden können. Daraus züchtete OPPENBORN schließlich die Dreifachkombination **Zimt-Schwarzbrust-Marmorset,** die, mit cremefarbenem Rückengefieder verbunden, natürlich nur eine blassere Zeichnung zeigen kann, auf ihre Art aber auch recht hübsch ist. Sie ist am einfachsten über Zimt-Schwarzbrust x Zimt-Marmorset in der zweiten Generation zu erzielen, zumal beide Ausgangsformen schon ausreichend erhältlich sind.

Wie bereits in dem entsprechenden Kapitel angedeutet, bieten die als solche ein wenig unscheinbaren **Hellbrust-Zebrafinken** wegen ihrer Eumelanin-Reduzierung bei Beibehaltung vollen Phäomelanins sich als vielversprechende Kreuzungspartner für manche Kombinationsfarben an. Z. B. sind Hellbrust-Schwarzbrust – so paradox diese genetisch richtige Kombination auch klingt – farblich sehr schöne Vögel. Auf beige-braunem Grund, einschließlich Zebrazeichnung am Hals, zeigen sie rotbraune Wangenflecke, die sich am Hals entlang bis zur gleichfarbigen Flankenzeichnung herabziehen und ebenso gefärbte Flügeldeckensäume im männlichen Geschlecht. In Umgehung der Paradoxität ihrer Bezeichnung nach Ursprung nennen die Holländer sie **„Phäos“.** Ein treffender Name, nur sollte man bei der Anwendung wissen, daß sie eine Kombination und keine Neumutation sind.

Farblich noch vielversprechender dürften die Kombinationen mit **Orangebrust-Zebrafinken** außer mit **Zimt,** die bereits vorhanden sind, mit **Schwarzbrust-, Hellbrust, Schecken, Hellrükken,** eventuell auch mit **Marmorset-** und **Pinguin**-Zebrafinken sein, sobald es gelungen ist, von den Orange-Brust-Zebrafinken robuste Stämme aufzubauen. Für den experimentierenden Züchter bietet der kleine Zebrafink noch auf Jahrzehnte bisher kaum angetastete Möglichkeiten, nur müssen Gesundheit und Fruchtbarkeit als Zuchtziel immer vor noch so verlockenden Farben stehen, sonst kann man sehr schnell vorzeitig am Ende sein!

Das Japanische Mövchen – ein „synthetischer" Vogel?

Wahrscheinlich schon im 15. oder 16. Jahrhundert von den Chinesen herausgezüchtet, kamen die ersten Mövchen um 1705 nach Aka-Sukasa (zitiert bei STEINBACHER-WOLTERS) nach Japan, wo sie nach bekanntem japanischem Zuchttalent weiterentwickelt wurden, obwohl auch die Chinesen bereits verschiedene Spielarten herausgezüchtet haben sollen. Heute unterscheiden die Japaner mehr als 40 verschiedene Spielarten. Erst um 1860 gelangten die ersten nach London unter dem Namen „Bengalen-Finken". Wenige Jahre später importierte Dr. K. RUSS diese Vögel nach Deutschland und berichtete über erste Zuchterfolge in der von ihm begründeten, heute noch bestehenden Vogelliebhaber-Zeitschrift „Die Gefiederte Welt". Er war es auch, der ihnen den Namen „Japanische Mövchen" gab, unter dem sie bis heute im ganzen Land ein Begriff sind. Richtiger wäre der Name: „Chinesisch-Japanische Mövchen", stammesgeschichtlich genauer: „Domestizierte Bronzemännchen" *(Lonchura striata domestica)*.

Dennoch hat die Wissenschaft mehr als ein Jahrhundert gebraucht, um herauszufinden, wie diese schon so lange in Asien domestizierten Prachtfinken eigentlich herausgezüchtet worden sind. Glaubte man doch lange Zeit hindurch an eine oder mehrere Artenkreuzungen asiatischer und gar afrikanischer Herkunft als Ausgangsmaterial, beispielsweise unter Verwendung des **Muskatfinken** *(Lonchura punctulata)* und des **Silberschnäbelchens** *(Euodice cantans)*, weil sich unter den Mövchen mutationelle Unterschiede in Farbe und Zeichnung zeigten, die entfernt an die genannten Arten erinnerten und mitunter weniger an die eigentlichen Ahnen. Daher die lange in Wort und Schrift unterstützte These vom „synthetischen Vogel", also einer künstlichen Art.

Seine Entwicklung und systematische Stellung

Wie EISNER in einer sehr gründlichen Untersuchung, veröffentlicht 1957 im Avicultural Magazine und belegt mit zahlreichen Abbildungen von Bälgen aus der Sammlung des Naturhistorischen Museums, London, zitiert auch von IMMELMANN in STEINBACHER-WOLTERS: „Prachtfinken", 2. Auflage, nachweisen konnte, stammen jedenfalls die reinen Mövchen, wie sie aus Japan herüberkamen und 130 Jahre in Europa weitergezüchtet wurden, allein vom asiatischen **Bronzemännchen** *(Lonchura striata)* ab. Das Verbreitungsgebiet dieser Art erstreckt sich allerdings über den gesamten ostasiatischen Raum, im Norden bis nach China, im Süden bis nach Indien und die vorgelagerten Inseln. Die Art gliedert sich in zahlreiche geographische Rassen und Unterarten, die mehr oder minder deutliche Unterschiede nach Farb- und Zeichnungsmerkmalen aufweisen. Gleiche oder ähnliche Unterschiede finden sich individuell im dunklen Zeichnungsmuster domestizierter Mövchen wieder. Das wurde lange Zeit übersehen, weil man in den ersten 100 Jahren ihrer Kultivierung als Käfigvogel das Hauptaugenmerk auf die Herauszüchtung weißgescheckter bis ganz weißer Tierchen legte.

Bei der Haustierwerdung kommt es in allen Tierarten zunächst zu Aufhellungen des Felles oder Gefieders nach Weiß hin, weil sie unter der Obhut des Menschen keine Schutzfärbung mehr benötigen, wie wir am Beispiel der Zebrafinken in diesem Buch bereits gesehen haben. Anfangs kommt es nur zu einigen weißen, also farblosen Stellen, die sich dann aber relativ schnell in selektiver Zuchtwahl bis zur völligen Aufhellung ausdehnen lassen, mit allen Zwischenstufen von überwiegend dunkel bis überwiegend hell gescheckt.

Schon RUSS züchtete Ende des vorigen Jahrhunderts die ersten rein Weißen in Deutschland und sehr helle Schecken. Vermutlich kam er von dorther auf den Namen „Mövchen", obwohl die kleinen Prachtfinken mit Möwen bestenfalls die überwiegende Weißfärbung gemeinsam haben (s. Foto 16).

Um jedoch zunächst die eigentliche Abstammung gleich etwas näher einzukreisen und uns von dorther über die systematische Stellung dieser ältesten domestizierten Prachtfinken klar zu werden, ist es notwendig, auf einige Unterschiede einzelner urtümlicher Bronzemännchen-Rassen hinzuweisen. Die Nominatform *Lonchura striata striata* ist oberseits einschließlich Kopf und Hals fast rein schwarzbraun (vergl. Bronzefarbe), unterseits licht cremefarben, aus einiger Entfernung fast weiß. Es gibt davon eine hell- und eine dunkelbürzelige Unterart, deren eine auf dem indischen Kontinent, die andere auf den vorgelagerten Inseln beheimatet ist. Bei beiden wird das schwarzbraune Rückengefieder nur geringfügig von kleinen hellen Schaftstrichen unterbrochen. Sowohl aus geographischen Gründen, wie auch wegen der Zeichnung, sind diese beiden Formen sicherlich nicht von den Chinesen zur Herauszüchtung der Mövchen verwendet worden, sondern vielmehr die Rassen *L. st. acuticauda* und *L. st. subquamicollis.* Das Verbreitungsgebiet ersterer grenzt an China, während letztere auch in China selbst vorkommt. Beide sind farblich mehr schokoladenbraun, besonders am Hals, und weisen im ganzen Gefieder eine stärkere Strichelung auf. Die Unterseite ist deutlich graubraun gemustert. Die Vögel sind in den Farben stumpfer, Bürzel grau-gesprenkelt. Ihr Gesamteindruck ist eher einfarbig. *L. st. subquamicollis* unterscheidet sich von *L. st. acuticauda* noch durch einen helleren Bürzel.

Diese Zeichnungsmerkmale kehren bei den weitaus meisten reinen Mövchen wieder und sind auch bei ziemlich hellen Schekken stets noch irgendwie erkennbar. Dunklere Schecken zeigen am Hals hellere braune Federn mit Strichelung, und selbst bei recht hellen ist im oberen Brust- bzw. unteren Halsbereich , häufig bis zum Bauch reichend, unterschiedlich ausgedehnte graubräunliche Schaftstrichelung erkennbar. Stammten die Mövchen dagegen von der Nominatform *L. st. striata* ab, so müßten die Zonen vom Kropfbereich abwärts und vor allem auch der Bürzel überwiegend weiß, letzterer eventuell auch einfarbig dunkel sein (vergl. oben erwähnte Rassenunterschiede: Weiß- und Schwarzbürzelig). Der Bürzel dunkler und mittlerer Schecken ist aber in der Regel grau-gesprenkelt.

So läßt sich zusammenfassend sagen, daß die freilebenden Vorfahren der Mövchen auf *L. st. acuticauda* und *subquamicollis* eingeschränkt sind, während alle in Menschenhand entstandenen Abweichungen auf Mutationen oder – wie wir noch sehen werden – auf artfremde Einkreuzungen zurückzuführen sind.

Haltung und Fütterung

Sie unterscheidet sich nur geringfügig von der für Zebrafinken, so daß wir uns hier auf diese Unterschiede beschränken können.

Von den Asiaten durch viele Generationen in kleinen Bambuskäfigen gezüchtet, sind Japanische Mövchen von allen Prachtfinken die dankbarsten Käfigvögel. Das ist im wahrsten Sinne des Wortes zu verstehen, denn sie fühlen sich in zweckmäßigen Käfigen tatsächlich wohler als in großen Volieren und züchten vor allem dort auch besser. Pro Paar genügt ein Käfig oder Heckabteil von 40 cm Länge und etwa 30 cm Höhe und Tiefe. Im oberen Drittel wird ein Schlaf- bzw. Brutnest angebracht, wobei sie mit jedem halboffenen Kästchen oder Körbchen vorliebnehmen. Der besseren Reinigung wegen eignen sich am besten halboffene Holzkästen, mit abnehmbarem Deckel von etwa 12 cm Länge, 10 cm Höhe und Tiefe mit einer Aufhängevorrichtung an der Rückwand. Man kann die Kästen aber auch in die offene obere Vorsatzgittertür eines unter Zebrafinken beschriebenen Heckabteils einhängen. Besser noch für Mövchen ist es, im oberen Drittel eines jeden Heckabteils quer ein etwa 12 cm breites Schlafbrett so anzubringen, daß man den Kasten einfach hinaufstellen kann. Da Mövchen höchst ungern auf Sitzstangen schlafen, hat das den Vorteil, daß sie dort außerhalb der Brutzeit, in der man die Nistkästen besser entfernt, zu mehreren aneinandergeschmiegt auf dem Bauch hockend schlafen können, was ihrer Nachtruhe im Kasten am nächsten kommt.

Die zweite obere Vorsatzgittertür oder eine beliebige andere Käfigtür muß unbedingt einem geräumigen aber nicht zu tiefen Plastikbadehaus zum Einhängen reserviert bleiben, das ihnen ständig zur Verfügung stehen und mindestens einmal täglich gereinigt und mit frischem Wasser versehen werden sollte. Von allen Prachtfinken baden wohl Mövchen am häufigsten und am ausgiebigsten, was dem Glanz und der Sauberkeit ihres Gefieders zugutekommt. Besonders Weiße und helle Schecken werden sonst schnell unansehnlich, aber auch das Großgefieder der dunklen leidet leicht durch Mangel an Badegelegenheit, bricht ab und/oder wird struppig. Außerdem haben die Mövchen allgemein, besonders aber die Brutvögel, die sicherlich angeborene Angewohnheit, ihren Kot vorzugsweise im Wasser abzusetzen. Allein aus diesem Grunde ist eine häufige Reinigung notwendig.

Was das **Grundfutter** betrifft, so ist einem für Exoten üblichen Hirsegemisch für Mövchen mehr Glanz und auch etwas geschälter Hafer zuzusetzen. Zusätzlich Kolbenhirse lieben sie wie alle Prachtfinken, und während der Aufzucht sollte man reines Hirsegemisch **ohne** Glanz und Hafer nach der bereits beschriebenen Methode ankeimen. An ein leichtes Eifutter oder feucht-krümelig gemachtes Aufzuchtmehl für Exoten, eines der vielen heute angebotenen Fertigfabrikate, die man ausprobieren sollte, lassen sich Mövchen leicht gewöhnen, indem man zunächst wenig davon auf die Körner streut, später solches Futter wegen der leichteren Verderblichkeit in täglich zu reinigenden extra Näpfen reicht. Regelmäßig sollte solches Aufzuchtfutter den Mövchen aber nur gereicht werden während der Jungenaufzucht und den Jungen noch einige Wochen nach ihrem Selbständigwerden, da Käfig-Mövchen aus Mangel an Bewegung sonst leicht zu fett werden. Darunter leiden Fruchtbarkeit und Lebenserwartung.

Grünfutter lieben Mövchen ganz außerordentlich und von diesem besonders frische Vogelmiere mit Samenkapseln. Davon können sie kaum zu viel bekommen, sofern die Miere frisch ist und nicht von chemisch behandelten Äckern stammt. Das gilt, in etwas sparsamerem Sinne, auch für grüne Salate, junge Löwenzahnblätter und ähnliches, während schwerer zugängliche Unkrautsämereien in Kapseln usw. von den etwas ungeschickten Mövchen mitunter nur dann genommen werden, wenn sie das Öffnen durch Zusammenhaltung mit nicht-domestizierten Prachtfinken gelernt haben.

Hier sei gleich gesagt, daß Mövchen mit allen anderen Prachtfinken und sonstigen Kleinvögeln außerordentlich friedfertig sind. Ihnen ist sogar der Nestverteidigungstrieb teilweise abhanden gekommen. Dadurch werden sie leider leicht bei nach Arten gemischter Käfig- oder Volierenhaltung aus ihren Nestern vertrieben. Umgekehrt kann man mehrere Zuchtpaare Mövchen deshalb nicht in einem Flug zusammenhalten, weil sie vorzugsweise alle zusammen in ein Nest kriechen, dort auch ihre Eier in unübersehbaren Mengen ablegen, so daß kein Abstammungsnachweis bei vielleicht später daraus geschlüpften Jungen mehr möglich ist. Die Betonung liegt hier auf „vielleicht", denn es ist selten, daß aus solchen „Mövchen-Kommunen" überhaupt Junge schlüpfen. Es fehlt dort an Luftzirkulation, und die Altvögel stören sich, bei aller Liebe, doch bei der Brutpflege.

Das ist zugleich der Grund, warum sich Mövchen wohl gut auch in Volieren – während des Sommerhalbjahres sogar in Freivolieren – halten, aber überaus schlecht züchten lassen. Selbst beim Einsetzen nur eines Paares im Frühjahr, dürfte die erste Brut wohl gut gedeihen, aber die daraus fallenden Jungen – es können fünf bis sieben sein – sind auch nach dem Selbständigwerden nicht gewillt, das elterliche Nest zu räumen, werden auch nicht von den Eltern vertrieben. So ist für die nächste Brut bereits wieder das „Kommunensystem" hergestellt, und die Erfolgsaussichten für diese und nachfolgende Bruten sind schlecht.

Damit soll nicht gesagt sein, daß eine Unterbringung von Mövchen in Zimmer- oder im Sommer in Freivolieren nicht sogar sehr gesundheitsfördernd wäre. Heranwachsende Jungvögel entwikkeln sich dort viel schneller, werden oft größer und fluggewandter. Auch die Altvögel erholen sich rascher und besser, nachdem sie zwei bis höchstens drei Bruten hintereinander gemacht haben.

Nur eben Zuchtversuche sollte man mit reinen Mövchen zu mehreren Paaren in Volieren gar nicht erst beginnen, deshalb entweder ganz auf Nistkästen in Mövchenvolieren verzichten, stattdessen nur ein paar geschützte Schlafbretter oben anbringen, oder den Verlust von ein paar Kommunengelegen hinnehmen. Dumm ist nur, daß auf diese Weise die Jungvögel meistens zu früh mit einer Brut beginnen, während sie normalerweise nicht vor neun bis zwölf Monaten erstmals zur Brut angesetzt werden sollten. Setzt man beispielsweise Jungvögel aus Februar/März-Bruten Ende April in Freivolieren, so ist damit zu rechnen, daß sie ab Juli/August bereits mit der Eiablage beginnen. Rechtzeitiges Herausfangen und Unterbringen in geräumigen Flügen, nur mit Schlafbrettern versehen, nach Geschlechtern getrennt, schafft hier Abhilfe.

Die Zucht

Die **Erkennung der Geschlechter** bei Mövchen ist optisch nicht möglich, sondern nur nach Lockrufen und Gesang. Bevor wir uns darüber den Kopf zerbrechen, sollten wir uns die witzige Tatsache vor Augen halten, daß fremde Mövchen einander auf Anhieb auch nicht am Geschlecht erkennen. Setzt man z. B. in einen Flugkäfig mit lauter „Junggesellen“, also Männchen, ein neues Männchen hinzu, so wird es in der „Hoffnung“, daß es ein Weibchen ist, bis zu einer Stunde und länger von sämtlichen Alteingesessenen angebalzt und zu begatten versucht. Da der Neuling sich dabei zunächst meist ängstlich duckt, verstärkt er noch den „weiblichen“ Eindruck, bis es ihm dann schließlich zu dumm wird und er seinerseits auch anfängt zu balzen und zu singen. Die „Enttäuschung“ bei den anderen ist dann groß, aber fortan wird er in Ruhe gelassen.

Junge Mövchen-Männchen beginnen schon mit sechs bis acht Wochen mit ihrem Gesang- und Balzgehabe. Hierbei werden Kopf und Schwanz angehoben, der Rücken durchgedrückt und das Bauchgefieder vorgewölbt. Gleichzeitig hüpfen sie rhythmisch auf der Stange auf und ab und aus dem in rascher Folge auf- und abwärts bewegten Schnabel dringt der sogenannte Gesang, der am besten mit dem Quietschen einer Gummipuppe vergleichbar ist. Allerdings hat nach Tonlage und Tonfolge jedes Männchen eine etwas unterschiedliche Strophe. Ganz junge singen noch sehr leise, nehmen dabei aber schon die typische Balzhaltung ein, woran man sie unschwer erkennen kann. Fängt man nun nacheinander jeden einzelnen Sänger heraus, so bleiben schließlich als „Nicht-Sänger“ die Weibchen übrig, obwohl es unter den Männchen dann und wann auch einmal „Spätentwickler“ gibt. In einer Zucht fast oder ganz gleich gefärbter Mövchen leisten jederzeit anlegbare Plastikringe in verschiedenen Farben zur individuellen Wiedererkennung gute Dienste.

Der Lockruf erwachsener Mövchen ist dem Geschlecht nach deutlich unterschiedlich, womit man sich bei Kauf oder Tausch gut helfen kann. Phonetisch übersetzt klingt der männliche Lockruf wie „oui“ oder „quoi“, während im weiblichen immer ein „r“ zu hören ist. Der Lockruf klingt wie „brrrt“ oder „birrt“. In Zweifelsfällen ist es am besten, Mövchen einzeln zu setzen, so daß sie Artgenossen nicht sehen, wohl aber hören können. Ganze Reihen von Lockrufen werden dann nicht lange auf sich warten lassen.

Zur Zucht setzen wir ein- bis vierjährige gut aufgezogene oder ausgeruhte, möglichst blutsfremde Paare in wie oben beschrieben eingerichtete **Käfige oder Heckabteile.** Der Boden sollte, gut mit Sand vermischt, mit Grit oder auch gemahlenen Hühnereierschalen bedeckt sein, weil Mövchen – wie alle Prachtfinken – ein großes Kalkbedürfnis haben. Man kann auch eine Sepiaschale einhängen, besser noch Vitakalk in extra Näpfen reichen. An Nistmaterial kann das gleiche wie für Zebrafinken gegeben werden, nur forme man ein Nest daraus im Kasten gleich grob vor, weil die meisten domestizierten reinen Mövchen keine geschickten Nestbauer mehr sind. Wohl schleppen sie viele Halme hin und her und formen schließlich die Nestmulde nach ihrem Geschmack. In der Anpaarung gibt es bei dieser Art selten Probleme.

Auch sind mitunter noch fünf- bis sechsjährige Männchen befruchtungsfähig, sofern sie nicht zu sehr ausgenutzt worden sind, aber die erfolgreiche Brutperiode der Weibchen muß doch in der Regel mit dem vierten Lebensjahr als beendet betrachtet werden. Bald wird das Männchen das Weibchen in der oben beschriebenen Weise anbalzen, worauf ein heckreifes Weibchen mit Schwanzflirren nach der Manier der meisten Prachtfinken in geduckter Haltung zur Begattung auffordert, die dann rasch und oft vollzogen wird. Zwischenzeitlich verschwinden beide Partner unter wispernden Lauten häufig im Nistkasten und bauen das Nest aus. Wenige Tage später wird das erste weiße Ei im Nest liegen und jeden Tag kommt ein weiteres hinzu, bis das Gelege mit vier bis sieben Eiern vollzählig ist. Obgleich beide Partner von Beginn der Eiablage schon viel Zeit im Nest verbringen, wird doch etwa ab dem dritten Ei erst fest gebrütet, so daß die Jungen 13 bis 15 Tage später alle innerhalb weniger Tage schlüpfen.

Es schlüpfen bei Mövchen selten alle Eier. Oft sind einige unbefruchtet oder abgestorben. So kann man mit drei bis fünf Jungen pro Brut sehr zufrieden sein, denn in Bruten von sechs bis sieben Jungen sind oft Schwächlinge dabei, die wenig Freude machen und meistens früh eingehen. Da Mövchen schon auf Grund ihrer langen Domestikation sehr inzuchtempfindlich sind, wird man um so mehr und kräftigere Junge erzielen, je weniger miteinander verwandt die Altvögel sind. Über die negativen Einflüsse artfremder Einkreuzung wird später noch die Rede sein.

Junge Mövchen schlüpfen nackt und blind. Die Haut ist gelblich und im Schnabel der ganz kleinen Vögel sind schon deutlich Papillen erkennbar, die im dunklen Nest aufleuchten, wenn die Jungen bettelnd den Kopf hin- und herbewegen. Das löst bei den Alten den Fütterungstrieb aus, der bei den Mövchen generell ganz ausgezeichnet ist, weshalb sie auch als gute Ammenvögel für andere heikle Prachtfinken sprichwörtlich bekannt sind. Sie können aber keine echten Finken aufziehen, wie etwa unsere Einheimischen und Kanarien, weil die keine Leuchtpapillen haben und ihre Bettelbewegungen ganz andere sind.

Gegen Nestkontrolle sind Mövchen weitgehend unempfindlich. Man hat mitunter Mühe, sie zum Verlassen des Nestes zu bewegen und sie sind meist gleich nach der Kontrolle wieder darin, sofern mit dem nötigen Fingerspitzengefühl dabei vorgegangen wird. Beide Partner lösen einander bei der Brut und Jungenaufzucht ab. Nachts immer, mitunter aber auch am Tage sind beide Partner im Nest. Regelmäßige Nestkontrollen sind zur Entfernung etwa eingegangener Junger erforderlich.

Etwa um den zehnten Lebenstag sollte die geschlossene **Beringung** erfolgen, der sich die meisten organisierten Züchter heute gern unterziehen, weil ihre Nachzuchten mit dem geschlossenen Ring, der nur während weniger Tage des Nestlingsalters überzustreifen und später ohne Gewaltanwendung nicht mehr zu entfernen ist, einen höheren Wert haben. Diese Ringe haben neben laufenden Nummern für die Vögel die Registriernummer des Züchters und den Jahrgang eingestanzt, so daß man Zeit seines Lebens ablesen kann, wo ein Vogel herstammt und wie alt er ist. Im übrigen gilt für die geschlossene Beringung der Mövchen einschließlich der praktischen Handhabung und der späteren Ausstellungschancen das bereits unter „Zebrafinken“ auf S. 19f. Gesagte.

Auch die jungen Mövchen verlassen im Alter von ca. drei Wochen erstmals das Nest, kehren aber noch häufiger und länger dorthin zurück als junge Zebrafinken. Im übrigen sind sie in den ersten Tagen draußen recht unbeholfen und können an den unmöglichsten Stellen zu Schaden kommen, irgendwo eingeklemmt werden, in den flachsten Badeschalen ertrinken usw. Der Züchter muß daher in den ersten 14 Tagen nach dem Ausfliegen ein besonderes Augenmerk auf den Mövchennachwuchs haben. In diesem Zeitraum werden sie noch regelmäßig von den Alten gefüttert, wenn sie auch schon bald nach dem Ausfliegen anfangen, überall herumzupicken. Im Alter von sechs Wochen sind sie jedoch zuverlässig selbständig und sollten nunmehr von den Alten getrennt werden, um weitere Bruten nicht zu gefährden. Sehr praktisch für ihren weiteren Aufenthalt sind doppelte oder dreifache Heckabteile des gleichen Formats wie die Zuchtboxen, in denen sie das

Licht der Welt erblickten, indem man die entsprechende Zahl von Trennschiebern entfernt. Für die bald singenden Männchen wird dann ein weiteres solches Doppelabteil gleich vorgesehen.

Das Jugendkleid der Mövchen ist in allen Dunkelfarben stumpfer als das der erwachsenen, das Großgefieder ist kürzer und sie sind noch nicht voll ausgewachsen. Weiße sind schon im Jugendkleid rein weiß. Ebenso wenig ändern sich die weißen Gefiederpartien der Schecken mit zunehmendem Alter.

Zu Schnabellackschäden neigen Mövchen weniger als Zebrafinken. Dafür nutzen sich insbesondere bei älteren Käfigvögeln die Zehennägel nicht rasch genug ab und müssen infolgedessen häufiger zurückgeschnitten werden. Bei richtiger Haltung sind Mövchen nicht krankheitsempfindlich. Sie sollten aber nicht zu niedrigen Temperaturen ausgesetzt werden. Zumindest müssen sie frostfrei überwintert werden, wobei die Räume mit Schlafnestern zu versehen sind, die mit Heu ausgepolstert werden. Wird eine größere Zahl von nichtbrütenden Mövchen zusammen überwintert, so kann man dafür auch größere Schlafkästen, z. B. Wellensittich-Nistkästen im Querformat mit offenem Deckel verwenden. Sie kriechen sowieso alle zusammen hinein und bleiben warm, während sie der für ihre Größe überdimensionale Kasten weniger zur Brut anregt. Winterbruten müssen in ungeheizten Räumen unterbleiben, doch rate ich auch in warmen Räumen davon ab, weil gerade für Mövchen das erste frische Grün wichtig für den Zuchterfolg sein kann.

Während des Winterhalbjahres ist die Verabreichung einiger Multivitamintropfen im Trinkwasser zweimal wöchentlich zu empfehlen, und zwar unabhängig davon, wann mit der Brut begonnen wird, was nicht vor März/April geschehen sollte. Der Einwurf mancher ehrgeiziger Ausstellungszüchter, die Vögel würden für die frühen Schauen nicht fertig, trifft für Zebrafinken und Mövchen nicht zu, weil erstens die frühesten Schauen in der Bundesrepublik im September sind, zweitens diese kleinen Vögel allerspätestens mit sechs Monaten vollständig ausgewachsen und ausgefärbt sind.

Mövchen neigen auch hin und wieder zu Legenot und Darmverschluß, was bei diesen kleinen Vögeln mitunter rascher zum Tode führt, als man erfolgreich eingreifen kann.

Gegen Verdauungsbeschwerden und Erkältungserscheinungen helfen oft schon Kolbenhirse und Infrarotlicht im Krankenkäfig, gegen Legenot feuchte Wärme, die man mit Hilfe von nassen Tüchern rund um den angestrahlten Käfig erreichen kann. Mehrmals hatte ich bei älteren Mövchen Bürzeldrüsenverhärtung. Dabei gehen die Federn rund um die Bürzeldrüse aus, die gleichzeitig sichtbar anschwillt und eitrig-gelb aussieht. Das Gesamtgefieder macht einen struppigen Eindruck, weil es nicht mehr eingefettet werden kann, und das Allgemeinbefinden des Vogels ist merklich gestört. Hier hilft ein vorsichtiges Aufstechen der verklebten Bürzeldrüse mittels einer steril gemachten Nadel. Anschließend kommt zur Erweichung ein Tropfen Speiseöl, Lebertran o. ä. auf die Bürzeldrüse, und die Krankheit ist in den meisten Fällen in wenigen Tagen behoben.

Die Mutationen und deren Vererbung, einschließlich der Rückkreuzung auf die Wildform

Im Kapitel über die Entwicklungsgeschichte der Japanischen Mövchen wurde schon davon gesprochen, daß die erste Mövchen-Mutation dunkelbraun und weiß gescheckte Tierchen waren, wobei die Scheckung beim Mövchen mit einigen weißen Federn rund um den Schnabel zusammen mit einigen weißen Schwingen und/oder Schwanzfedern begann und selektiv über alle Zwischenstufen bis zu fast weißen geführt wurde.

Dem Schönheitsideal der meisten Schecken-Mövchen-Freunde entspricht ein Vogel, bei dem sich weiße und dunkle Gefiederpartien in etwa die Waage halten, wobei die Scheckung möglichst symmetrisch angelegt sein soll (s. Foto 27). Das sieht auch der Standard auf internationaler Ebene für Ausstellungs-Mövchen vor. Sonst aber ist es reine Geschmacksache. In der Bundesrepublik wird erst seit 30 Jahren seitens der organisierten Züchter gezielt auf einen Schönheitsstandard gezüchtet und ausgestellt. Gemessen an dieser kurzen Zeitspanne ist allerdings Beachtliches auf diesem Gebiet geleistet worden, wie wir weiter unten noch sehen werden.

Nicht immer fallen die schönsten Schecken aus symmetrisch gezeichneten Paaren, eher aus einem zu dunkel und einem zu hell gezeichneten Partner, ähnlich wie in der Kanarienzucht (siehe RADTKE a. a. O.). Besonders hübsch sehen meines Erachtens die sogenannten **„Brillenschecken"** der Mövchen aus, obwohl sie nach dem heute bestehenden Standard-Reglement zu hell sind, das heißt zu viel Weiß zeigen. Bei ihnen ist die dunkle Zeichnung auf gleichmäßige Augenringe und einen ebensolchen Sattelfleck auf dem Rücken im Durchmesser von etwa 25 mm beschränkt, während das ganze übrige Gefieder weiß ist. Sie fallen vorzugsweise aus Verpaarungen Weiß x Gescheckt, wobei weder die Geschlechter der Partner noch die Ausdehnung der Zeichnung des gescheckten Partners eine Rolle spielen. Brillenschecken sind daher häufig spalterbig in Weiß, obwohl sie manchmal auch aus zwei hellen Schecken-Partnern fallen. Eine ausnahmslose Gesetzmäßigkeit läßt sich in der gesamten Zucht gescheckter Tiere nicht ableiten.

Die ersten **rein-weißen Mövchen** hat – wie gesagt – Dr. K. RUSS bereits zu Ausgang des 19. Jahrhunderts gezüchtet, doch glaubten er und seine Schüler viele Jahre hindurch, diese Vögel seien das alleinige Resultat gezielter Verdrängniszucht dunkler Zeichnung. Vielleicht waren das auch die ersten Weißen, zumal in der älteren Literatur wiederholt erwähnt wird, daß aus rein weißen Mövchenpaaren immer wieder neben Weißen auch einige helle Schecken mit anfielen. Vermutlich sind vor allem Creme-Schecken (s. weiter unten), in Verkennung deren andersartiger genetischer Zusammensetzung, damals in die Weißen eingekreuzt worden.

Im Laufe der Zeit haben sich die Weißen aber doch zu einer rein rezessiv vererbenden Spielart entwickelt. Wenn man also heute zwei rein Weiße miteinander verpaart, fallen nur rein weiße Junge und keine hellen Schecken mehr. Es wird nur aus einem anderen Grunde selten so verpaart, weil auf diese Weise gezüchtete weiße Mövchen zu schlechtem Sehvermögen bis zur völligen Erblindung im zweiten Lebensjahr neigen. Parallelerscheinungen gibt es auch bei der Zucht anderer weißer Tiere als Domestikationsfolge. Eine möglichst vitaminreiche Ernährung kann da nur bedingt vorbeugen.

Da die weißen Mövchen aus Reinzuchten außerdem zu geringer Größe, Mangel an Fruchtbarkeit und Widerstandskraft gegen Krankheiten neigen, ist die Mehrheit rassebewußter Züchter dazu übergegangen, rein weiße Mövchen ausschließlich über kräftige spalterbige Schecken zu züchten. Schecke x Weiß bringt in der ersten Generation unabhängig vom Geschlecht der Partner nur gescheckte Nachzucht, deren Mehrzahl mehr weiße als dunkle Gefiederpartien aufweist (siehe „Brillenschecken", S. 66). Sie alle sind in beiden Geschlechtern spalterbig in Weiß und bringen untereinander verpaart 50 % Schecken/weiß, 25 % reinerbige Schecken und 25 % rein Weiße, die in der Regel ebenso kräftig und gesund wie ihre gescheckten Geschwister sind, vorausgesetzt, daß keine Inzucht dabei betrieben wird. Es ist also von möglichst vielen blutsfremden Paaren beim Aufbau dieser Zucht auszugehen und es sollten auf keinen Fall Geschwister verpaart werden. 50 % rein Weiße, die übrigen 50 % wiederum helle Schecken, spalterbig in Weiß werden in der nächsten Generation erzielt, nämlich beim Ansetzen von Paaren bestehend aus einem Schecken/weiß (= spalterbig) und einem weißen Mövchen.

Wird von gesundem und kräftigem Zuchtmaterial ausgegangen, kann dies über Generationen fortgesetzt werden. Dennoch sollte der Züchter stets ein wachsames Auge auf Schwächlinge und schlecht sehende Tierchen haben und mit solchen nicht weiterzüchten. Letztere erkennt man früh am kolibriähnlichen Schwirren vor der Stange oder vor einem Ast, bevor sie sich dort niederlassen, weil sie die Sitzgelegenheit beim Anfliegen erst spät erkennen.

Ich möchte dazu raten, bei der Zucht weißer Mövchen stets von dunkel Braunbunten als den meist kräftigsten und gesündesten auszugehen, obwohl sich natürlich auch über die verdünnten Dunkelfarben (siehe weiter unten) Weiße züchten lassen. Nur ist es eine irrige Ansicht, über verdünntfarbene Schecken schneller oder zu mehr rein Weißen zu kommen.

Weiße Mövchen sollten besonders viel Badegelegenheiten bekommen, um immer hübsch sauber zu bleiben. Das ist speziell vor Ausstellungen wichtig, weil Unsauberkeit deutlicher sichtbar ist und zu empfindlichen Abzügen bei der Bewertung führt. Auf den stark einfärbenden lehmigen Sand der Mittelgebirge sollte als Käfigbodenbelag für weiße Schau-Mövchen verzichtet werden.

Neben den **Braunbunten** – wir sagen heute **Braun und Weiß-Gescheckten** und **Rein-Weißen** – erwähnen ältere Autoren wie RUSS, NEUNZIG u. a. schon frühzeitig in der Geschichte des Japanischen Mövchens „Gelb" – und „Graubunte". Dabei ließ man es Jahrzehnte hindurch bewenden, obwohl die sogenannten „Gelbbunten" weder richtig gelb noch die „Graubunten" vollkommen grau waren. Mövchen galten damals vorwiegend als Ammen- und Anfängervögel in der Prachtfinken-Liebhaberei. Die meisten Züchter strebten nach „Höherem", den kostbareren Prachtfinken, und keiner gab sich recht Mühe, die Mövchenfarben näher zu untersuchen und genauer zu bezeichnen. Das erfolgte erst zu Beginn der fünfziger Jahre, durch den Zusammenschluß interessierter Züchter in der AZ und mit der Ausdehnung des Ausstellungswesens von Kanarien und Wellensittichen auch auf andere Arten.

Als Initiator dieser lohnenswerten Aufgabe im Sinne allgemeiner Qualitätshebung domestizierter Vogelarten in der Bundesrepublik hatte ich anfänglich mit einem kleinen Häuflein Gleichgesinnter gegen erhebliche Widerstände aus den Reihen sogenannter konservativer Vogelliebhaber zu kämpfen. Doch die Zahl der Einsichtsvollen wuchs mit den bald greifbaren Erfolgen, und heute redet niemand mehr über die Anfangsschwierigkeiten. Das Ausstellen Domestizierter Prachtfinken im Qualitätswettbewerb ist in den beiden deutschen Züchterverbänden längst üblich geworden, und mit der selektiven Farbenzucht befassen sich viele ernstzunehmende Züchter.

Wir wissen heute, daß sich die Farben des **Bronzemännchens** *(Lonchura striata spec.)*, als der Ausgangsform des Mövchens, lediglich aus schwarzen und braunen Komponenten zusammensetzen. Diese Dunkelfarben entstehen als Sichtbild durch eine verschieden starke Anhäufung und Anordnung von Pigmentkörnchen in den Federzellen. Wir wissen fernerhin, daß es im Wege der Domestikation nicht nur zu totalem Pigmentausfall (= Albinismus, d. h. Weißwerden des Gefieders und Aufhellung der Hornteile ganz oder teilweise) kommt, sondern früher oder später auch zu Abänderungen der Dichte und Anordnung der Pigmentkörnchen (Dunkelfarbstoffe) in den Federzellen. Dadurch entstehen beim ursprünglich schwarzbraunen Bronzemännchen (Mövchen) farbliche Abstufungen von heller braun über gelblich- und grau-braun bis etwa beigefarben. So einfach ist das, aber es bedurfte doch vieler Jahre der Experimente verschiedener Mövchen-Spezialisten unter gewissenhafter Buchführung über die Vererbungsweise untereinander und im Verhältnis zueinander, um zu heute einigermaßen klaren Definitionen zu kommen.

Bei den sogenannten **„Graubunten"** ist das schwarze Pigment verdünnt, das braune dagegen voll erhalten geblieben. Dadurch entsteht der individuell leicht schwankende Eindruck von etwa Nougatbraun bis Graubraun an den dunkel befiederten Stellen, je nachdem, welche Bronzemännchen-Rasse nach fast Schwarz oder mehr nach Braun (siehe Bronzemännchen-Rassen) in den Ahnen die Überhand hatte. Die unterschiedliche Dichte und Anordnung der Strichzeichnung nehmen außerdem Einfluß auf den entweder mehr grauen oder mehr braunen äußeren Eindruck. Zusammenfassend entsteht durch das verdünnte Schwarz (Grau plus volles Braun) der graubraune Eindruck. An Hals und Kehle, wo es bei allen Mövchen, außer den rein Weißen, zu einer Pigmentverdichtung kommt, sind diese Mövchen schwarzgrau, ein Beweis für Verdünntes Schwarz.

Bei den sogenannten **„Gelbbunten“** ist das Schwarz völlig aus dem Gefieder verschwunden, das (Mövchen-) Braun dagegen voll erhalten geblieben.* Wir ersehen daraus, daß diese isolierte Farbe ein blaß-rötliches Gelbbraun, vergleichbar mit den Farben verschiedener Tauben-, Hühner- und Kaninchenrassen ist. Manche Autoren sprechen daher bei diesen Mövchen auch von „Kaninchengelb“. Allgemein hat sich die Bezeichnung „Gelbbunte“ für diese eigentlich braunen Mövchen durchgesetzt. Ihre Vererbungsweise ist rezessiv sowohl zu Dunkelbraun als auch zu Graubraun. Ebenso vererbt sich Graubraun rezessiv zu Dunkelbraun. Beispiele dazu wurden unter den weißen Mövchen im Verhältnis zu den gescheckten allgemein angegeben. Als Faustregel merken wir uns, daß Mövchen in den jeweils helleren Farben spalterbig sein können aber nicht umgekehrt. Also ein graubuntes Mövchen kann wohl spalterbig in Gelbbunt und/oder in Weiß, aber nicht in Braunbunt sein usw., obwohl Ausnahmen davon hin und wieder gemeldet werden, die bisher nicht wissenschaftlich nachgeprüft werden konnten. Die Geschlechter spielen dabei in keinem Fall eine Rolle. Eine geschlechtsgebundene Vererbungsweise wurde bei Mövchen bisher nicht festgestellt.

Auch die letzte Verdünnungsstufe, nämlich die des isolierten eigentlichen Mövchen-Braun, genannt Mövchengelb, zu **Creme** oder Isabellfarben, wie sie früher genannt wurde, ist als aus Gelbbunt aufgetretene Mutante im Gegensatz zu anderslautenden Literaturangaben bereits so alt, daß sie schon von RUSS erwähnt wurde. Bei diesen Vögeln ist das Mövchengelb zu einem blassen Isabellton verdünnt, der sich am deutlichsten wiederum in der Halsregion zeigt, während das übrige Gefieder schon aus geringer Entfernung fast weiß erscheint. Erst bei näherer Betrachtung sieht man, daß auch an anderen Körperstellen noch blaß-gelbliche Gefiederteile individuell unterschiedlicher Ausdehnung vorhanden sind. Es lag daher nahe, daß diese wenig kontrastreichen, optisch

* IMMELMANN züchtete aus Bronzemännchen-Wildlingen sogar ein gelbbraunes Exemplar, ein Zeichen, daß diese Mutante auch in Freiheit auftreten kann.

fast weißen **Creme-Schecken** früher viel in Weiß eingekreuzt wurden, in der Hoffnung, dadurch mehr und kräftigere Weiße zu züchten. Vermutlich kommen daher die Angaben in der älteren Mövchen-Literatur, daß Weiße nicht rein züchten, weil manche ganz helle Creme-Schecken einfach als rein Weiß angesehen, die wenigen gelblichen Federchen übersehen wurden. Unter sich züchten diese zu allen anderen dunkleren Farben rezessiven Creme-Schecken rein weiter und wirken je nach Ausdehnung der blaßgelblichen Federn mal heller mal dunkler. Bedeutung haben sie erst in jüngster Zeit durch die selektive Einfarbzucht erlangt, wie wir weiter unten noch sehen und ihre Kombinationsmöglichkeit mit Graubraun oder Nougatfarben, wie wir heute sagen.

Verdünntes Schwarz (= „Nougat“) x Verdünntes Braun (= „Creme“) kombinieren sich in der zweiten Generation genetisch zu **„Nougat-Creme“.** Das ist in der Praxis allerdings keine sehr glückliche Bezeichnung, denn diese aparten Mövchen sehen in ihren dunklen Gefiederzonen überwiegend grau aus mit einem zarten Überhauch ins Beige-Bräunliche. Die Halsregion ist wieder dunkler grau. Der Kontrast zu den weißen Gefiederpartien bei den Schecken ist ansprechender als bei den gewöhnlichen Creme. Der Laie würde diese Mövchen als Grau-Weiße bezeichnen. Von manchen Liebhabern werden sie auch als „eselgrau“ oder asinfarben bezeichnet, wenn der „Esel“ bei einer Vogelfarbe nicht gefällt.

Gelegentlich kommt es auch bei Japanischen Mövchen durch Unregelmäßigkeiten der Chromosome bei der Zellteilung nach der Befruchtung (Crossing-over) zu **dreifarbigen Individuen** in Braun-Gelb-Weiß (genetisch Schwarz-Braun-Weiß). Das sind jedoch seltene Ausnahmen, die sich nicht rein weiterzüchten lassen, d. h. in der Nachzucht wieder in Braunbunt oder Gelbbunt auseinanderspalten.

Die Hornteile aller gescheckten Mövchen variieren ebenso individuell wie die Verteilung der Scheckung im Gefieder. Je dunkler ein Vogel ist, um so dunkler sind auch Schnabel und Beine, wobei die Schwarzvögel folglich schwärzliche Hornteile haben, die Braunvögel einschließlich der verdünnten (Creme) mehr hornfarbene bis bleigraue und die Weißen ganz hell hornfarbene (weißlich-rosa). Die hellen Schecken (hell im Sinne von viel Weiß) haben gescheckte, also Schnabelfirste, sowie einzelne Zehen und/ oder -Nägel sind oft weißlich-rosa. Bei dunklen Mövchen ist der Oberschnabel dunkler als der Unterschnabel.

Seit die Mövchen in den bisher behandelten Farben (mehr hat es nie gegeben und kann es nach der farblichen Zusammensetzung der wilden Stammform Bronzemännchen auch nicht geben) in vorwiegend weiß-gescheckter Form aus Japan importiert und bei uns ähnlich weitergezüchtet wurden, sind gelegentlich, auch einzelne Liebhaber auf die Idee gekommen, das Weiß aus dem Gefieder wieder fortzuzüchten, um zu ganz dunklen Tierchen zu kommen. Rein selektiv war das sehr schwierig, nachdem durch Jahrhunderte umgekehrt, also auf möglichst viel Weiß gezüchtet worden war. Darum wurde es auch vielfach bald wieder aufgegeben, obwohl sich mit dem Aufblühen des internationalen Vogelhandels im 20. Jahrhundert die verschiedenen Ausgangsrassen der Bronzemännchen als das am besten geeignete Rückkreuzungsmaterial anboten. Im übrigen zeigte sich bei den am häufigsten in den Angeboten vertretenen **Spitzschwanzbronzemännchen** *(L. st. acuticauda)* auch in Reinzucht eine relativ frühe Neigung zur Weißscheckung, um die Schnabelwurzel beginnend und sich bald auch auf das Großgefieder ausdehnend, die manche Experimentatoren am Anfang entmutigt haben mag.

Nach dem zweiten Weltkrieg waren af ENEHJELM † und LANGBERG †, Dänemark, die ersten Züchter, welche die Idee der Herauszüchtung einfarbig dunkler Mövchen realisierten und darüber in der Fachliteratur berichteten. Sie verfolgten dieses Ziel auf zwei Wegen gleichzeitig, nämlich einmal selektiv über die dunkelsten Schecken-Mövchen, zum anderen durch Heranziehung verschiedener Bronzemännchen-Rassen und Arten. Unter letzteren war es vor allem das fast einfarbig schwarzbraune **Borneo-Bronzemännchen** *(Lonchura fuscans),* das rasch zu besonders einfarbig dunklen Mövchen geführt hat. Leider starb diese Kreuzung wieder aus, ehe sie die Grenzen Dänemarks überschreiten konnte, doch erhielt ich durch das freundliche Entgegenkommen Herrn AF ENEHJELMS als erster in der Bundesrepublik 1955 schon recht gut durchgezüchtete **rein dunkle Mövchen in Braun und (Mövchen-) Gelb.** Diese Vögel hatten schon eine leicht geschuppte Unterseite, welche die Abstammung von *L. st. subsquamicollis* erkennen ließ, aber doch noch eine deutliche Abgrenzung von Dunkel nach Hell an der Vorderbrust, waren also nicht eigentlich einfarbig zu nennen. Sie besaßen eine gute kräftige Mövchenfigur und nicht die mehr schlanke, etwas eidechsenartige der Bronzemännchen. Einige von diesen trat ich an meinen damaligen Zuchtnachbarn S. KIRSCHKE, Wilhelmshaven, ab, und wir beide waren die ersten, die diese hübschen Vögel in der Bundesrepublik planmäßig weiterzüchteten.

Bald kamen weitere hinzu, nur kam der kleine Kreis sehr bald in Schwierigkeiten wegen der gerade in der Mövchenzucht unabdingbaren Notwendigkeit der Fremdblutzuführung zwecks Vermeidung von Inzuchtschäden. Wir beschafften uns Spitzschwanz-Bronzemännchen aus Holland, doch wurde die Unterseite von deren Nachzucht mit unseren Mövchen sofort heller, denn es ist klar, daß die Wildform zunächst wieder dominierte. Auch besaßen selbst einige dieser Import-Bronzemännchen schon einzelne weiße Federn, die sich natürlich bei der Kreuzung in Mövchen sofort vermehrten. Im übrigen waren damals mit ganz wenigen Ausnahmen nur die ganz hellbäuchigen Bronzemännchen der Nominatform, *L. st. striata*, zu bekommen. Wären wir doch nur bei diesen Rückkreuzungen auf die Ausgangsformen als allein richtigen Weg zumindest zur Erhaltung der früher sprichwörtlichen Fruchtbarkeit der Mövchen geblieben!

Jedoch gab es damals ernstzunehmende Veröffentlichungen, deren Verfasser ich mit Rücksicht auf noch lebende Personen nicht nennen möchte, die auf eine uneingeschränkte Fruchtbarkeit von Mövchenkreuzungen mit **Braunbrüstigen Schilffinken** *(Lonchura castaneothorax)* hinwiesen. Hier sahen wir unsere

Chance, zumal es sich den Fotos nach um ansehnliche, überwiegend dunkle Vögel bei diesen Mischlingen handelte. Die Züchtung der F_1-Generation machte selbst im Käfig wenig Schwierigkeiten, und wir waren überrascht von der Schönheit dieser Mischlinge. Nach dem Ausfärben zeigten sie sich oberseits tief-dunkelbraun mit schwärzlicher Maske. Auf der Unterseite und am Bürzel waren sie intensiv schwarz und hellgrau geperlt bis geschuppt. Größer als Mövchen, war ihre Haltung etwas steiler, der Schwanz kürzer, als einzige Merkmale vom Schilffinken.

Größer jedoch war unsere Enttäuschung, daß sämtliche F_1-Weibchen, noch viele F_2-, auch noch manche F_3-Weibchen unfruchtbar waren. Wir haben lange Zeit dazu gebraucht, um das festzustellen, denn die Mehrzahl dieser Weibchen zeitigte normale Gelege, brütete ausgezeichnet und war auch gut als Ammen zu gebrauchen, was freilich nicht unser Ziel war. Es war ein doppelt schwerer Schlag. Nicht nur weil wir unser Ziel, **Einfarbige Mövchen,** verfehlt hatten, sondern weil einige andere Züchter im besten Glauben solche Mischlinge von uns erworben hatten und sie später enttäuscht, feurige Kohlen auf unser Haupt sammelten.

Die F_1-Hähne erwiesen sich alle als fruchtbar. Selbstverständlich paarten wir sie zunächst nur an reine Mövchen zurück, aber in der F_2 und F_3 waren auch viele Hähne unfruchtbar, eine Erkenntnis, zu der wir naturgemäß weitere Jahre brauchten.

Etwa parallel in jenen Jahren haben wir und andere dann die Einkreuzung verschiedener **Nonnen** als weitere Vertreter der *Lonchura*-Gattung und damit nahe Verwandte der Mövchen versucht. Obwohl Nonnen unter sich als schwer züchtbar gelten, klappte auch diese Zucht mit Männchen der **Schwarzkopf-, Dreifarben-, Weißkopf-** und **Schildnonne** und Mövchen-Weibchen. Auch bei der Verwendung von Schilffinken waren aus Brutsicherheitsgründen vorwiegend Mövchen-Weibchen und Männchen der Fremdart gewählt worden. Diese Zuchten sind anderswo aber auch umgekehrt gelungen.

Merkwürdigerweise sahen alle Mischlinge der doch immerhin recht verschieden gefärbten Nonnen (unter sich und im Verhältnis zu den Schilffinken) mit dunklen Mövchen den zuvor erwähnten Schilffinken-Kreuzungen nach Farbe und Zeichnung recht ähnlich: Dunkelbraun, schwarzbraun am Kopf, Unterseite und Bürzel mehr oder weniger geperlt bis geschuppt. Diese Erscheinung wird in der wissenschaftlichen Zoologie Atavismus genannt (Ata = griechisch Vater) und besagt, daß es bei einer Kreuzung nahe verwandter Rassen oder auch Arten zu einem Rückschlag auf ursprüngliche Primitivformen kommen kann, auf mitunter bereits ausgestorbene gemeinsame Stammeltern, die viele heute mehr spezialisierte Arten hatten. Eine interessante Randerscheinung dieser Zuchtversuche, die beispielsweise besagt, daß die ähnlich geperlte Brust des entfernter verwandten **Muskatfinken** *(Lonchura punctulata)* ein weitaus älteres stammesgeschichtliches Merkmal dieses Artenkreises ist. Muskatfinken x Mövchen-Mischlinge sind übrigens bereits früher gezüchtet worden. Sie erwiesen sich meist als unfruchtbar in beiden Geschlechtern, ein Zeichen, daß sie sich in ihrer Entwicklungsgeschichte weiter von den Bronzemännchen entfernt haben.

Alles dies half uns aber nur sehr bedingt bei der Herauszüchtung Einfarbiger Mövchen. Alle F_1-**Nonnen-Mischlinge** hatten die dicken Köpfe und klobigen Schnäbel, die steilere Haltung und die kürzeren Schwänze, sowie den typischen Lockruf der Nonnen geerbt, verhielten sich aber hinsichtlich Gesang, Balz und Brutpflege wie Mövchen. Außer den schönen dunkelbraun-geperlten Mischlingen zogen wir in F_2 über Mischlingsmännchen aus weißen und „gelben" Mövchen auch starke rein weiße und besonders hübsche fuchsrote Vögel, letztere zum Teil mit einer Ton-in-Ton-Schuppung. Indes waren wieder die F_1-Weibchen unfruchtbar, die F_1-Männchen voll fruchtbar, während die Fruchtbarkeit bei beiden Geschlechtern in den Folgegenerationen sehr zu wünschen übrigließ. Bei den Vögeln mit Nonnen-Abstammung hielten sich überdies die Nonnen-Lockrufe und deren klobige bleigraue Schnäbel hartnäckig über Generationen hinweg trotz konsequenter Rückkreuzung allein an Mövchen. Die Perlung verschwand meist in der F_2. Schuppung, ansehnliche Größe, nicht zuletzt die tief schwarzbraunen und fuchsroten Farben haben sich jedoch festigen lassen und bis in unsere Tage erhalten. Wir haben diese Zucht wegen der vielen anfänglichen Fehlschläge nach einer Reihe von Jahren aufgegeben. Andere Züchter sind konsequenter gewesen. So spricht heute kaum noch jemand über die Kinderkrankheiten in dieser speziellen Farben-Mövchenzucht, und unter dem Züchternachwuchs wissen die wenigsten, wer die Urheber waren, aber auch wer seinen Kopf zuerst hinhalten mußte.

Dunkelbraun und fuchsrot-geschuppte Mövchen sind indessen zum festen Begriff geworden und als Ausstellungsvögel im AZ-DKB-Schönheitsstandard anerkannt. Ja sie zählen heute zu den beliebtesten Mövchen, obwohl sie streng genommen ebenso wenig reine Mövchen sind wie Rotkanarien, die ihre Farbe allein vom eingekreuzten Kapuzenzeisig bekamen, reine Kanarengirlitze.

Abb. 2 Japanisches Mövchen, einfarbig dunkelbraun geschuppt.

Ich habe diese Entwicklung hier nicht etwa deshalb so ausführlich geschildert, um auf Urheberprioritäten zu pochen. Ich halte es vielmehr deswegen für meine Pflicht, weil die beschriebene Herauszüchtung heute aus geschäftlichen Gründen gern verschwiegen wird. Es sollte jedenfalls nicht verheimlicht werden, daß sich trotz aller anzuerkennender Mühe eines heute großen Züchterkreises das Blut der Mövchen, bildlich gesprochen, durch die Fremdeinkreuzungen immer noch nicht voll „beruhigt" hat. Folge davon ist eine weitaus geringere Fruchtbarkeit bei nahezu allen Mövchen, zumal man heute noch wirklich ursprüngliche Mövchen, die von *Lonchura striata spec.* direkt abstammen relativ selten findet. Inzwischen haben jedoch andere Züchter keine Mühe gescheut, auch andere, nur selten im Handel befindliche Bronzemännchen-Arten einzukreuzen, welche eine deutlichere dunkle Brustzeichnung schon mitbringen und die Fruchtbarkeit wieder gebessert haben.

So W. ESTERS † das **Wellenbauch-Bronzemännchen** *(Lonchura molucca)*, H. STEITZ das **Berg-Bronzemännchen** *(Lonchura kelaarti jerdoni)*, nachdem diese Züchter gewissenhaft beide Arten jeweils erst in Reinzucht vermehrt hatten. Sie haben seither schöne geschuppte Mövchen daraus gezüchtet, aber auch ehrlich zugegeben, daß wiederum in den ersten Generationen nicht alle Nachkommen fruchtbar waren, obwohl diese Bronzemännchen-Arten den Mövchen verwandtschaftlich näher stehen dürften als z. B. Schilffinken und Nonnen.

Zusammenfassend sind in den letzten 20 Jahren verschiedene den Mövchen mehr oder weniger nahe verwandte *Lonchura*-Arten aus dem weiten ostasiatischen Raum und seinen Inseln in die ihrer Abstammung nach auf wenige Bronzemännchen-Arten beschränkten Mövchen mit dem Ziel eingekreuzt worden, farbintensive und stattliche Domestizierte Prachtfinken mit möglichst natürlichem Brutverhalten zu züchten; robuste Vögel also, die sich auch gut in Freivolieren halten und vermehren lassen. Das ist auf Kosten anfänglich verminderter Fruchtbarkeit, gut gelungen. Was ist jetzt zu tun? Auf keinen Fall weiteres Fremdblut zuführen und nachdem genügend Material vorhanden ist, selektiv auf Fruchtbarkeit züchten. Sie wird sich im Laufe der Jahre dann ebenso wieder einstellen, wie es bei den roten Farbkanarien der Fall gewesen ist (siehe RADTKE a. a. o.).

Interessant in diesem Zusammenhang ist vielleicht, daß S. KIRSCHKE inzwischen ganz andere Wege geht. Er hat sich einen Stamm reiner dunkelbürzeliger **Javabronzemännchen** *(Lonchura leucogastroides)*, eine in Gefangenschaft besonders leicht züchtende Bronzemännchen-Art, aufgebaut und züchtet nun andersfarbige Mövchen dort hinein, desgleichen in Borneo-Bronzemännchen *(Lonchura fuscans)*, die inzwischen wieder eingeführt wurden. Dabei treibt er Verdrängungszucht im umgekehrten Sinne, kreuzt also nicht auf Mövchen, sondern auf Bronzemännchen zurück, mit dem Ziel, diese Bronzemännchen allmählich in allen bekannten Mövchenfarben zu züchten. Bleibt die Fruchtbarkeit auf diese Weise eventuell eher erhalten, dürfte ihm das mit der Zeit auch gelingen, nur wird man sich von seiten der Wissenschaft und der organisierten Züchter gleichermaßen einigen müssen, ob diese Vögel unter der Flagge „Bronzemännchen" oder „Japanische Mövchen" segeln sollen. Ich will damit nur ausdrücken, wie komplex die scheinbar einfache Sache ist.

Wegen der vielen möglichen Kreuzungen legt der AZ-DKB-Ausstellungsstandard bezüglich Arteinheit einen besonders strengen Maßstab bei den Mövchen an, und die Preisrichter sind gehalten, als Mövchen ausgestellte Vögel mit andersartigen Merkmalen nach Haltung, Form und Stimme zu disqualifizieren. Prachtfinken-Mischlinge sind im übrigen als Ausstellungsvogel grundsätzlich nicht mehr zulässig.

Außer den geschuppten oder gezeichneten dunkelbraunen und fuchsroten Mövchen sind auch **mittelbraun, nougatfarbene** und **ockerfarbene gelbe** Mövchen mit einem zur Brust abgegrenzten helleren Gefieder der Unterseite anerkannt und bilden (bei Bedarf) Schauklassen für sich. Sie dürfen nur keine weißen Federn und aufgehellte Hornteile haben. Mit „nougatfarben" sind die von mir eingangs als Graue, bzw. Graubraune bezeichneten gemeint. Den inzwischen von den Züchterverbänden anerkannten Namen „Nougat" prägte S. KIRSCHKE, nachdem er diese Vögel zunächst als Schecken in einer Zoofachhandlung wiederentdeckt hatte. Er hat sie dann als erster in Einfarbig herausgezüchtet und für diese Mövchen ist die Bezeichnung treffend gewählt. Es handelt sich um die fahlbraune Farbe von Nougat-Schokolade, die in den besten Exemplaren ziemlich gleichmäßig über den ganzen Körper verteilt ist. Nur Kopf und Hals sind dunkler, eher schwarzgrau. Das wird man bei keinem sogenannten Einfarbigen Mövchen ganz vermeiden können, doch ist diese Abstufung bei den besten Nougat am wenigsten ausgeprägt. Die Farbe der Hornteile steht in der Mitte zwischen dem Schwarz der Dunkelbraunen und den Hornfarben der Gelben. Sie ist als grau zu bezeichnen. KIRSCHKE hat die Nougat-Mövchen treffend mit dem ebenfalls intermediären Farbton der Achat-Kanarien verglichen (s. Foto 7)

Mit der Einfarbzucht in allen Schattierungen von ganz hell bis ganz dunkel wurden auch die **Creme-Mövchen** wieder interessanter und sind heute sogar z. T. zu Modevögeln geworden. Es brauchte nur einige Zeit bis zur Einigung, ob man sie möglichst hell oder mehr milchkaffeefarben haben wollte. Man fand schließlich einen Kompromiß, indem man beide Farbtypen anerkannte und die Züchter über den Standard anwies, sie in getrennten Klassen auszustellen. Das ist insofern etwas problematisch, als es gerade bei den Creme-Mövchen besonders viele fließende Übergänge gibt. Auch kann man bei den ganz hellen Creme am wenigsten von Einfarbigkeit sprechen, weil die Partie um den Schnabel herum bis zur Vorderbrust besonders auffallend dunkel ist im Vergleich zu dem nahezu weißen Bauch und den fast weißen Flügeln einschließlich der Flügeldecken (s. Foto 8).

Um die zart milchkaffeebraunen dunkleren Creme ist es in dieser Hinsicht schon besser bestellt. Viele der sogenannten Einfarbigen Creme haben noch zu dunkle, bleigraue Schnäbel im Verhältnis zu heller fleischfarbenen Beinen und sie neigen zu geringer Größe. Die bereits erwähnte Kombination **Nougat-Creme** ist in

Typ und Farbe am besten durchgezüchtet, und das Standardziel ist bei ihnen leichter zu erreichen, weil Schwarzvögel meist die stärksten sind und das verdünne Schwarz (= Nougat) das Weiß der Creme unterdrückt.

Nach der Vererbungsregel „Dunkel dominiert über Hell" lassen sich alle „Einfarbigen Mövchen", also Vögel ohne Weiß im Gefieder, verhältnismäßig leicht in einem genügend großen Stamm züchten. Je mehr Farben man allerdings einkreuzt, desto häufiger muß man auch mit fließenden Übergängen rechnen, nämlich von Schwarzbraun zu Mittelbraun, von sehr dunklem Nougatbraun, das sich nur wenig von Mittelbraun unterscheidet bis zu ganz hellem Nougat, das mit Ockergelb gewisse Ähnlichkeit besitzt, von Fuchsrot zu Fahl-Gelb und von Creme zu Fast-Weiß.

Der Geschmack ist bekanntlich verschieden, deshalb sollte jeder die Vögel züchten, die ihm am besten gefallen. Um jedoch auf den Ausstellungen gut abzuschneiden, müssen Mövchen heute schon typische Vertreter ihres Farbschlages sein, nachdem der Standard bereits Sonderklassen für die hellen und die dunklen Typen bei den meisten Farbschlägen vorsieht. So müssen die intermediären Typen mit farblichen Abzugspunkten rechnen. Deshalb sollte der schaubewußte Mövchenzüchter sich besser auf zwei sich ergänzende Farbschläge beschränken, will er auf den Ausstellungen Lorbeeren ernten. Beispielsweise Schecken in Braun-Weiß und Weiße, unter Verzicht auf gelb-weiße Schecken, weil sie in Verbindung mit Weiß Größe und Vitalität der Weißen verringern. Gelbe, Nougat- und Creme-Schecken, die sich farblich ergänzen oder kombinieren, mit gelegentlichen Anleihen in Braun-Weiße, wenn die Größe nachläßt. Dunkelbraun-Geschuppte und Fuchsrot-Geschuppte unter Verzicht auf mit anfallende Mittelbraune und Ockergelbe mit schwacher oder ohne Schuppung für die Weiterzucht, weil sonst die Schuppung mit der Zeit verschwindet. Mittelbraune, Nougat (weil hier die helleren farblich am entsprechendsten sind) und Ockergelbe, mit Augenmerk auf eine gleichmäßige Brust-Bauch-Abgrenzung von Dunkel nach

Hell und unter Verzicht auf Schuppung. Man kann die Nougat freilich auch in Geschuppt über Braungeschuppte (s. Foto 7) durch entsprechende Einkreuzung züchten. Die Nougatfarbe wird dann dunkler braun, die Schuppung mehr grau. Schließlich Nougat, Creme und Nougat-Creme wie weiter oben beschrieben. Diese ganze Reihe ist heute besonders beliebt.

Haben die Japanischen Mövchen hinsichtlich farblicher Varietäten engere Grenzen als andere domestizierte Vögel, so haben die Japaner selbst bei diesen kleinen Vögeln auch mutationell verankerte Gefiederstrukturveränderungen herausgezüchtet: **Kopfhauben** und **Gefiederkrausen** bzw. **Locken.** Nach IMMELMANN sind die ersten **Haubenmövchen** dort um 1930 aufgetreten. In Deutschland werden sie zwar schon vor dem letzten Krieg gelegentlich erwähnt, fanden aber erst danach Eingang in die Liebhaber-Zuchten. Nach den Untersuchungen von REQUATE † entstehen Hauben bei Mövchen lediglich durch Federwirbelbildung auf dem Oberkopf, meistens mehr zur Stirn hin. Veränderungen am Schädeldach ließen sich nicht feststellen (s. Foto 6 und 13).

Von einem Mittelpunkt (Wirbel) aus wachsen die Federn strahlenförmig auseinander anstatt dachziegelförmig in Körperrichtung wie alle übrigen Vogelfedern. Seit 30 Jahren sind die Mövchenzüchter bemüht, die Hauben zu einer ähnlich schönen Form zu gestalten, wie es die Züchter der britischen Haubenkanarienrassen (siehe RADTKE a. a. O.) schaffen (s. Foto 6).

Dadurch sind die Mövchenhauben in der Spitze wesentlich besser geworden, während es in der Breite vielen noch an den gewünschten Eigenschaften fehlt. Bei den Mövchen sind die Haubenwirbel vielfach unregelmäßig angelegt, so daß bloße Schirmhauben oder seitlich nicht gleichmäßige Federstrahlung auftreten.

Die Mövchenhauben vererben dominant, was bei allen domestizierten Vögeln mit Haubenbildung der Fall ist. Aus einem Haubenmövchen, gleich welchen Geschlechts, verpaart mit einem Glattkopf, lassen sich theoretisch 50 % Hauben und 50 % Glattköpfe erwarten. Das geht natürlich nicht immer auf und kann von Brut zu Brut unterschiedlich sein.

Von Verpaarungen Haube x Haube sollte man Abstand nehmen. Es wurde für die Mövchen zwar nicht eigentlich ein Letalfaktor wie bei Kanarien (siehe RADTKE a. a. O.) nachgewiesen, aber erstens werden die Hauben aus solchen Doppelverpaarungen keineswegs besser, zweitens neigt der Nachwuchs daraus – gleich ob Haube oder Glattkopf – zu verkrüppelten Füßen. Man muß wohl sagen, daß Haubenbildung zu den Verlustmutationen zu zählen ist, mit anderen Worten, es gehen leicht lebenswichtige Eigenschaften dabei verloren.

Manche Haubenzüchter meinen, die Mövchenhauben dadurch verbessern zu können, daß sie als Partner für Hauben nur Glattköpfe nehmen, die aus Haubenverpaarungen gefallen sind, aber nachgewiesen ist das nicht. Dagegen spricht die geringe Größe, zu der Haubenmövchen neigen, wobei die schönsten Hauben oft auf dem kleinsten Körper sitzen. Ich möchte demnach raten, die schönsten Hauben an die stärksten Glattköpfe zu stellen.

Die Farbe spielt natürlich auch eine Rolle, nachdem sich Haubenmövchen in allen genannten Farbschlägen züchten lassen. Dabei war es lange der Traum mancher Züchter, weiße Mövchen mit dunklen Hauben zu züchten und umgekehrt. Leider ist das bisher nicht realisiert worden, obgleich in den sechziger Jahren in einer Fachzeitschrift mal erwähnt wurde, daß es in Japan solche geben soll. Bis jetzt ist die Haube bei überwiegend dunklen Schecken meist dunkel, bei hellen mit weißen Federn durchsetzt. Bei einfarbig Dunklen muß natürlich auch die Haube dunkel sein, was keine nennenswerten Schwierigkeiten macht. Bei Weißen ist sie ebenso weiß wie das übrige Gefieder. Eine Neigung zu Melaninbildung in der Haube bei sonst aufgehellten Vögeln, wie z. B. bei Kanarien, liegt nicht vor.

Mähnenbildung gab es zuweilen auch schon bei deutschen Mövchen, was jedoch nicht sonderlich gut aussah und deshalb nicht gefördert wurde. Vermutlich handelte es sich bei diesen nur um in den Nacken verrutschte Haubenwirbel.

Es war das Verdienst G. OPPENBORNS, dem wir nicht nur die Fotos in diesem Buch, sondern auch eine Vielzahl von Informationen zur erfolgreichen Schauvogelzucht in allen Farben verdanken, auch die ersten **Lockenmövchen** aus Japan über Holland eingeführt, sie weitergezüchtet und schließlich **mit Hauben kombiniert** zu haben. Was dabei ab 1974 herausgekommen ist, waren zunächst recht kleine und z. T. bizarre Vögelchen, aber sie wurden von vielen geschätzt, die derlei mögen. Mit Geschick und strenger Selektionszucht nach Vitalität, ist es seither gelungen, die Lockenmövchen, auch Rosettenmövchen genannt, mit und ohne Haube in ausreichender Größe, ansprechender Gestalt und leidlicher Fruchtbarkeit in verschiedenen Farben den interessierten Liebhabern zugänglich zu machen.

Die ersten japanischen Lockenmövchen waren weiße und braunweiß-gescheckte mit mehr oder minder großen Lockenwirbeln am Hals und/oder an der Brust. Ihre Vererbung ist teildominant, d. h. aus diesen leicht Gelockten, verpaart mit Glatten, fallen neben Glatten wenige Gelockte, die aber nicht stärker gelockt als ihr gelockter Elternteil sind. Erst wenn man diese leicht gelockten Mövchen miteinander verpaart, vermehrt sich der Lokkenanteil im Gefieder und verteilt sich über den gesamten Körper. Leider ist bei diesen manchmal auch das Großgefieder (Flügel und Schwanz) mit einbezogen, so daß diese Federn mehr oder weniger verdreht auswachsen, dadurch leicht verschleißen und das Flugvermögen zumindest behindern. Eine Erscheinung, die wir z. B. bei keiner frisierten Kanarienrasse kennen. Sie hat deshalb der selektiven Zucht auf üppig gelocktes Gefieder bei den Mövchen Grenzen gesetzt, denn wer möchte schließlich flugunfähige Vögel züchten!

OPPENBORN betont, daß weitere körperliche Mängel bei Doppelverpaarungen gelockter Mövchen nicht auftreten. Hauben, also Federwirbel am Kopf, würden selbst aus Paaren Gelockt x Gelockt nicht auftreten, womit bewiesen wurde, daß bei den um vieles älteren Hauben- und den jüngsten Locken-Mövchen von verschiedenen mutationellen Faktoren auszugehen ist. Erst aus Haube x Gelockt oder umgekehrt fallen kombinierte mit Hauben und Locken. Die besten, gemessen nach Hauben und Locken, erzielte er aus Paaren, deren einer Partner aus Gelockt x Gelockt stammte, während der andere gehaubt war. Die Japaner, die Gelockte bei T. UDAGAWA 1969 erstmals beschreiben, dürften ähnlich vorgegangen sein. OPPENBORN bekam von dort einen weißen gelockten Haubenvogel. Nach dem beschriebenen Verpaarungsschema hat er dann ähnliche gezüchtet. Der Einheitsstandard hat inzwischen gelockte Mövchen und gelockte Hauben-Mövchen nach einem bestimmten Schema anerkannt. Das Großgefieder darf bei ihnen nicht in Mitleidenschaft gezogen sein.

Ammenzucht mit Japanischen Mövchen

Wie schon eingangs des Kapitels „Mövchen" erwähnt, haben diese dankbaren und anspruchslosen Prachtfinken, Produkte asiatischer Züchterkunst, ihre erste eigentliche Bedeutung als Ammen für die Aufzucht in der Gefangenschaft zunächst weniger vermehrungsbereiter Prachtfinken-Arten erlangt. Damit hatten die Japaner wiederum begonnen, und die Europäer hatten es übernommen. Daraus können wir vorangegangenen Vogelliebhaber-Generationen keinen Vorwurf machen. Man muß dazu die Geschichte der Vogelhaltung und -zucht als Ganzes sehen. Kein dem Freileben entnommener Vogel ist in der Regel gleich bereit, sich in Käfig oder Voliere fortzupflanzen. Wir erleben das heute wieder an der Notwendigkeit, unsere einheimischen Vögel zu züchten, wollen wir sie als Folge der geänderten Naturschutzgesetze halten dürfen.

Die Einfuhr beliebter exotischer Prachtfinken, leider vom Zeitgeschehen abhängig, schwankte von buchstäblichen Fluten bis zu vollkommener Ebbe. – In unseren Tagen gipfelte sie in der totalen Ausfuhrsperre australischer Vögel ab 1960 und es ist abzusehen, wann andere Kontinente folgen werden. – Solange die Verhaltensforschung noch in den Kinderschuhen steckte, während auf der anderen Seite die Futtermittelindustrie in Produkten und Technik noch nicht den hohen Stand erreicht hatte, den sie heute hat, waren begreiflicherweise alle Mittel recht, um heikle und seltene Arten zu vermehren. Hier sprang das Mövchen ein, wie es noch keine andere Vogelart vorher getan hat.

Domestizierte Mövchen haben anscheinend mit dem Nestverteidigungstrieb auch die Fähigkeit artfremder Erkennung verloren. So ziehen sie in der Regel nahezu alle anderen Amadinen-Arten (Dickschnäblige Prachtfinken) anstandslos auf, sofern ihnen nur deren Eier oder Nestlinge annähernd in demselben Brutstadium untergelegt werden, in dem sie sich selber gerade befinden. Das gilt sogar für manche Astrilden-Arten (Dünnschnäbelige Prachtfinken), obwohl solche den Mövchen verwandtschaftlich bedeutend ferner stehen. Eine Ausnahme bilden lediglich Astrilden, die ihre Jungen in den ersten Lebenstagen fast ausschließlich mit lebenden Insekten füttern. Jedoch selbst dafür hatten findige Prachtfinken-Spezialisten mit etwas Glück erfolgreiche Lösungen gefunden, indem sie bestimmte Mövchen-Paare rechtzeitig an die Aufnahme von Lebendfutter gewöhnten. Oberflächlich betrachtet eine feine Sache!

Als nach der australischen Exportsperre 1960 die Preise für die dort beheimateten begehrten Prachtfinken schlagartig in die Höhe kletterten, hatte ich Gelegenheit, mir bei einem solchen „Vermehrer“ anzusehen, wie das läuft. Dort saßen die bewegungsbedürftigen Australier, die deshalb vorwiegend nur in geräumigen Flügen zur erfolgreichen Naturbrut zu bringen sind, in lauter kleinen Käfigen paarweise als reine „Eierproduzenten“. Zur Eiablage waren diese Käfige mit primitiven Nestern ausgestattet. Daneben saß eine noch größere Anzahl Mövchen-Paare, mit dem einzigen Unterschied, daß die meisten Nester prall gefütterte, demzufolge gut gedeihende **Goulds, Spitzschwanzamadinen, Gürtelgrasfinken** usw. enthielten.

Für die selbständigen Jungvögel waren dagegen geräumige und sonnige Außen- und Innenvolieren vorgesehen, die nichts zu wünschen übrig ließen. Es wechselten daher sicherlich gesunde und glatte australische Prachtfinken aus dieser „Zucht“ laufend den Besitzer.

Was war und ist an solchen Vögeln nun faul? In erster Linie ist das eine total negative Selektion im Sinne der Ausschaltung des gesamten natürlichen Fortpflanzungsverhaltens, vergleichbar der Fortzüchtung des Bruttriebes der Legehühner, denn heute wie damals züchtet auch unter den besten Bedingungen nicht jedes Prachtfinkenpaar erfolgreich. Leider erfuhr man bei dieser Methode aber nie, welche Paare das waren. Ihre Nachkommen wurden jedoch später auch als „Zuchtpaare" verkauft.

Gleichermaßen ernst zu nehmen ist die Prägung andersartiger Prachtfinken auf die Ammenmövchen, in welche erst die moderne Verhaltensforschung (IMMELMANN, NICOLAI u. a.) Licht gebracht hat. Demnach werden die meisten Jungvögel bereits im Moment des Eischlupfes auf die Art geprägt, die sie zuerst hören und sehen. Das sind meist ihre Eltern, bei Ammenaufzucht von Prachtfinken die Mövchen. Im Laufe der Aufzucht gefestigt, geht das soweit, daß bei Einsetzen der Geschlechtsreife Mövchen als Partner ganz oder teilweise vorgezogen werden, ja daß solche Vögel überhaupt nicht mehr für die Reinzucht zu gebrauchen sind. Das ist, nebenbei gesagt, einer der Gründe, warum es so viele Prachtfinkenmischlinge mit Mövchen gibt.

Abhilfe schafft manchmal, nicht immer, das Verbringen der von Mövchen aufgezogenen anderen Prachtfinken außer Sicht- und Hörweite der Mövchen sofort nach dem Selbständigwerden und die strikte Haltung nur unter Artgenossen bis zur Paarbildung. Doch gibt es selbst dann noch Vögel, die „umfallen", sobald sie nur Mövchen in einer benachbarten Voliere erblicken, dann ständig am Draht hängen und sich nicht mehr für den arteigenen Partner interessieren. Davon konnte ich mich bei Zuchtfreund KRISCHKE, der darüber mehrfach berichtet hat, selbst überzeugen.

Zieht man das Fazit aus allen Berichten, ist der Verzicht auf Mövchen als Ammen in der Prachtfinkenzucht im Sinne der Erhaltung geeigneter Zuchtvögel unerläßlich. Das Einspringen von Mövchen als Ammen ist daher nur gerechtfertigt, wenn es durch Ausfälle von Brutvögeln, welcher Art diese auch sein mögen, keine andere Möglichkeit gibt, Eier oder Nestlinge zu retten. Dabei ist das Isolieren der artfremden Jungen von den Mövchen nach dem Selbständigwerden unbedingt zu beachten. Ausschlaggebend für den Aufzuchterfolg ist das Vorhandensein von Eiern oder Jungen gleichen Alters zum Zeitpunkt des Unterlegens. Dabei ist es besser, die Eier oder Jungen der Mövchen gleichzeitig fortzunehmen, obwohl es auch Paare gibt, die sogar mehrere Arten miteinander aufziehen. Das bleibt aber ein Risikofaktor, denn es gelingt um so seltener, je weniger verwandt die aufzuziehende Art mit den Mövchen ist. Die Mövchen neigen immer noch dazu, ihre eigene Art vorzuziehen, was spätestens zum Zeitpunkt des Ausfliegens zu Tage tritt.

Das Futterangebot sollte bei allen Ammenaufzuchten möglichst reichhaltig und vielseitig sein. Keimfutter und Grünes allein genügt in den seltensten Fällen. Das beste Fertig-Aufzuchtfutter speziell für Prachtfinken, vermischt mit hart gekochtem Eigelb im Verhältnis 3 : 1, sei die Grundlage. Für Arten, die ihre Jungen zunächst mit Insekten aufziehen, mischt man zerschnittene, überbrühte Mehlkäferlarven („Mehlwürmer“) und eventuell auch Enchyträen darunter. Die Mövchen gewöhnen sich dann am besten daran, diese mit aufzunehmen und zu verfüttern.

Die Reisamadine

Dieser mit 14 cm Länge größte und mit seinen klobigen, rosaroten Schnabel schwerste Prachtfink war in seiner Verbreitung ursprünglich auf Java beschränkt (vergl. englisch: Java Sparrow = Java-Sperling), hat sich aber durch den Menschen über weite Teile des ostasiatischen Raumes ausgebreitet und kommt heute sogar in Afrika (Tansania) und auf St. Helena vor. Als arger Schädling in den Reisfeldern wurde die Art mancherorts inzwischen nach IMMELMANN wieder ausgerottet. Die Population in China rekrutiert sich wahrscheinlich aus entflogenen Käfigvögeln, denn dort wurde schon vor Jahrhunderten die beliebte weiße Spielart herausgezüchtet (s. Foto 4).

Doch bleiben wir zunächst beim Wildvogel, der mit seiner schwarzen Kopfplatte, weißen, schwarz eingefaßten Wangen, roten Augenrändern und dem sonst überwiegend stahlgrauen an der Unterseite rosa überhauchten Gefieder nicht nur ein stattlicher, sondern auch ein schöner Vogel ist. Das Großgefieder ist schwarz, die kräftig geschienten Beine und recht großen Kletterfüße rosa. Beide Geschlechter sind gleich gefärbt. Die Weibchen sind meist etwas schwächer in der Gesamtstruktur und dem Schnabel nach, aber ein sicheres Unterscheidungsmerkmal ist das nicht. Das ist allein die kurze glöckchenhell klingende Gesangsstrophe der Männchen, die sie aber außerhalb der Brutzeit nicht sehr häufig hören lassen. Auch die jungen Männchen brauchen länger als andere Prachtfinken, bis sie mit dem zunächst unvollständigen Gesangstudium beginnen. Diese großen Vögel haben eben eine längere Entwicklungsphase und vor Abschluß derselben sollte keine Nachzucht den Besitzer wechseln.

Bevor wir uns der Haltung und Zucht zuwenden, ein Wort zum **Freileben.** Reisamadinen sind Kulturfolger und damit auch hauptsächlich Bewohner der Kultursteppe niederer Höhenlage, wo sie in Feldgehölzen und Dornbüschen ihr rundliches Nest mit verhältnismäßig großem Einschlupf ebenso bauen, wie sie gern auch in Astlöchern und unter den Dächern der Häuser als Höhlenbrüter nisten. Sie erinnern in dieser Hinsicht sehr an unsere Sperlinge. Da vorzugsweise grobes Nistmaterial verwendet wird, sehen die Nester entsprechend unordentlich aus. Während der Brutzeit lebt die Reisamadine paarweise und nährt sich von Grassamen aller Reifestadien. Sind die Jungen selbständig, so rotten sie sich wiederum sperlingsartig zu großen Flügen zusammen und plündern die Reisfelder Asiens.

Reisamadinen werden nach IMMELMANN schon von VIELLOT 1805 als importierte Käfigvögel erwähnt und gehören folglich mit zu den ersten Prachtfinken, die nach Europa gelangten. Ein zuverlässiger Zuchtvogel ist der importierte Fängling dennoch bis heute nicht geworden, der noch heute gelegentlich hereinkommt. Da sich das wegen der allgemeinen Einschränkungsbestimmungen von Wildvogelimporten von heute auf morgen ändern kann, ist es einsichtsvollen Züchtern inzwischen gelungen, auch die Wildform regelmäßig nachzuzüchten.

Fänglinge züchten nur in geräumigen Volieren, in denen jedoch vor der Nebenbesetzung mit kleineren Prachtfinken gewarnt werden muß. Nicht eigentlich unfriedlich, neigen Reisamadinen doch zum plötzlichen Plündern anderer Nester. Bei KIRSCHKE wollten sie z. B. nur Baumaterial stehlen, ließen aber die jungen Spitzschwänze in einem Nest dabei gleich „mitgehen". Er fand sie später mumifiziert als „Dekoration" im Reisamadinen-Nest. Kardinäle, Kernbeißer, auch kleinere Sitticharten einschließlich Wellensittiche bieten sich eher als geeignete Volierenmitbewohner von Reisamadinen an. Man bietet ihnen dort am besten Wellensittich- und/oder Agaporniden-Nistkästen neben ausreichend großen, halboffenen Kästen (mindestens Zigarrenkisten-Größe) als Nistgelegenheit an, als Nistmaterial Heu und Stroh. Es werden auch gerne leere Hirsekolben mit verbaut.

Gut ist es, einen zur individuellen Erkennung verschiedenfarbig beringten Schwarm grauer Reisamadinen zunächst zusammen in einer Voliere zu halten. Paare, die sich daraus bald absondern werden, sind eher erfolgversprechende Brutpaare. Ob man später mehrere Paare, die sich so gefunden haben, zusammen fliegen lassen kann, hängt von der Größe der Voliere und der Friedfertigkeit oder Unverträglichkeit der Vögel ab. Manchmal geht es auch zu mehreren Paaren gut.

Eine große Auswahl von **Nistgelegenheiten,** in ausreichendem Abstand angebracht, ist wichtig. Hat die Brut einmal begonnen, sollten Wildvögel möglichst wenig gestört werden, denn darauf reagieren diese im Gegensatz zu den domestizierten empfindlich, oft mit Verlassen der Brut. Es werden meist vier bis sechs weiße Eier gelegt und in 14 bis 15 Tagen abwechslungsweise durch beide Partner erbrütet. Die vorangehende **Balz** ist sehr lustig anzuschauen. Das Männchen hüpft dabei mit krummem Buckel, Kopf und Schwanz, im Gegensatz zu fast allen anderen Prachtfinken, nach unten geneigt, neben dem Weibchen auf der Stange auf und ab. Das heißt, es hüpft eigentlich auf der Stelle, knickt dabei nur jeweils in den Beinen auf- und abwärts, was merkwürdig hölzern aussieht. Gleichzeitig gibt es glucksende Lockrufe von sich. Das geneigte Weibchen reagiert etwas später in ähnlicher Weise, bis es schließlich mit dem allen Prachtfinken eigenen Schwanzflirren zur Begattung auffordert, die dann rasch vom Männchen vollzogen wird.

Junge Reisamadinen bleiben 30 bis 35 Tage im Nest, bis sie im stumpf-grauen Jugendkleid mit bräunlichen statt weißen Wangen und schwarzen Schnäbeln, sonst aber schon fast ausgewachsen und verhältnismäßig geschickt, das Nest verlassen, in das sie anfangs noch zum Schlafen zurückkehren.

Bald schreiten sie zur Futteraufnahme, obwohl sie noch etwa 14 Tage von den Alten gefüttert werden. Danach sollten sie aus der Brutvoliere entfernt werden, da sie Unruhe stiften. Die Alten haben bis dahin in der Regel bereits mit einer neuen Brut begonnen, und es kommt leicht zu Beißereien.

Die Frage der geschlossenen **Beringung** von Wildlingen um etwa den zehnten Lebenstag ist eine Sache des Einfühlungsvermögens und des manuellen Geschicks des Züchters. Sie sollte nur erfolgen, wenn beide Partner, z. B. nach Gabe von frischem Grün-

oder Keimfutter, den Kasten verlassen haben. Die Kästen müssen dazu leicht zu öffnende Deckel haben, damit die Sache möglichst schnell erledigt werden kann. Der Ringdurchmesser für diese starken Vögel sollte 3 mm betragen. Diese Größe wird auch von den Züchterverbänden vorgeschrieben. Beringungstechnik siehe unter Zebrafinken.

Mehr als zwei bis allerhöchstens drei Bruten sollten nicht gemacht werden. Man nimmt dann einfach die Kästen fort. Reisamadinen sind ohnehin keine ausgeprägten Nestschläfer. Von etwa April bis Mitte/Ende Oktober – je nach Witterung – können sie ohne weiteres in Freivolieren verbleiben. Sie können kalt aber frostfrei in geschützten Innenräumen überwintert werden, obwohl es auch Berichte gibt, wonach sie völlig abgehärtet ohne Verluste draußen verblieben. Ich möchte generell davon abraten, weil schmerzhafte Erfrierungen an den langen Beinen und fleischigen Füßen nicht auszuschließen sind.

Die **Fütterung** der Reisamadinen ist einfach. Sie kommen mit einem groben Hirsegemisch unter Zusatz von Glanz und etwas geschältem Hafer als Grundfutter aus, so daß auch einfaches Wellensittichfutter ausreichend ist. IMMELMANN nennt auch Gerste und Hanf, wobei er bei Verabreichung von Hanf vor Verfettung warnt. Ich habe noch nie gehört, daß jemand es mit Gerste versucht hätte. Bei Verfütterung von Hanf kann es zur schwarzen Verfärbung der weißen Wangenflecke kommen. Wir kennen die gleiche Erscheinung bei Dompfaffen. Dabei handelt es sich kaum um Melanismus, wie IMMELMANN meint, sondern diese Schwarzfärbung ist eine vorübergehende Stoffwechselstörung, die auch bei Wellensittichen und Zebrafinken bekanntgeworden ist. Bei richtiger Haltung unter dem Einfluß der UV-Strahlung der Sonne und vielseitiger Ernährung verschwindet das Schwarz bei der nächsten Mauser wieder aus dem Gefieder. Hanf ist aus diesem Grunde für Reisamadinen nicht zuträglich.

Weitaus besser sind gekeimter Hafer und Weizen, etwa im Verhältnis 3 : 1, außerdem Kolbenhirse und viel Grünes, speziell Vogelmiere mit Samenkapseln während der Brutzeit, ferner Gräser mit Samenrispen vielerlei Art, auch gröbere Sorten, nicht zuletzt halbreife Ähren von Hafer und Weizen nach Jahreszeit. Großstädter können auf die grünen Blätter von frischem, ungespritzten Kopfsalat ausweichen und sollten auch die Reisamadinen an ein handelsübliches Aufzuchtfutter, fertig oder mit geriebenen Möhren feucht-krümelig gemacht, möglichst rechtzeitig gewöhnen. Ob Reisamadinen in Freiheit auch animalisches Futter für die Jungenaufzucht aufnehmen, ist nicht genau bekannt. Manche nehmen in Gefangenschaft auch Mehlkäferlarven und etwas Hartei, unbedingt notwendig ist das nicht. Sauberer, grober Sand, Kalk und Grit sollten allerdings – wie für alle Körnerfresser – immer verfügbar sein.

Die **weiße Spielart** (Foto 4) dürfte von den Chinesen etwa um die gleiche Zeit herausgezüchtet worden sein wie die Mövchen und kann als vollkommen domestiziert gelten, mit allen positiven und negativen Folgeerscheinungen. Es sind meistens gute Zuchtvögel, weit weniger scheu als die Wildform, die ohne weiteres auch in einem größeren Einzelkäfig, paarweise gehalten, zur Brut schreiten. Mit dem reinweißen Gefieder im Kontrast zu den rötlichen Augenringen, dem rosaroten Schnabel und den ähnlich gefärbten Beinen sehen sie sehr hübsch aus, halten sich immer glatt und sind oft auch von stattlicherer Figur und Größe als die Wildform.

Durch die ältere Literatur geistert über viele Jahre die Behauptung, weiße Reisamadinen ließen sich nicht rein züchten. Es fielen immer wieder Graue und mehr oder weniger Gescheckte in dieser Zucht und überhaupt würden die wenigsten Weißen rein weiß. Dieser Irrtum machte sich breit, weil man die bei Kleinvögeln immerhin außergewöhnliche **dominante Vererbung der Weißen** nicht verstand und die lange Entwicklungsdauer der Jungen nicht beachtete. Wohl kennen wir die gleiche dominante Vererbung bei weißen Hühnern, aber wer züchtet schon Hühner und Prachtfinken gleichzeitig! Halten wir also fest, daß Weiß bei Reisamadinen teildominant über Wildfarbig ist, dann wird die Sache schon klarer.

Beispiele: (Grau steht hier der Kürze halber für Wildfarbig, das Geschlecht spielt hier keine Rolle)

- Weiß x Grau = 50 % Weiß/**grau,** 50 % Grau, **reinerbig**
- Weiß/grau x Weiß/grau = 50 % Weiß/grau, 25 % Weiß, **reinerbig** und 25 % Grau, **reinerbig**
- Weiß, **reinerbig** x Weiß/grau = 50 % Weiß, **reinerbig,** 50 % Weiß/grau
- Weiß, reinerbig x Weiß, reinerbig = **100 % Weiß, reinerbig**
- Grau x Grau = **100 % Grau.**

Wir ersehen daraus, daß: a) sehr viele Weiße spalterbig in Grau sind, ohne daß man dies äußerlich erkennen kann; b) man durch planmäßige Zucht dennoch verhältnismäßig rasch zu rein Weiß vererbenden kommen kann; c) auch aus Grauen, die aus Weiß gefallen sind, niemals Weiße gezüchtet werden können.

Nun sagte ich bereits eingangs dieses Kapitels, daß die Weißen wie alle Verlustmutationen (Verlust = hier Ausfall der Melanine), leicht Mangelerscheinungen wie Hinfälligkeit und geringe Fruchtbarkeit zeigen. Davon haben wir zum Glück bei den Reisamadinen – im Gegensatz zu so manchen anderen Domestikationsformen – noch nicht viel gemerkt, weil die Asiaten sie schon im Mutterland vorwiegend über Wildfarbige, möglicherweise Wildlinge, gezogen haben müssen. Jedenfalls waren die ersten Importe nach dem Kriege fast ausnahmslos spalterbig in wildfarbig. Wir brauchten nur eine Weile, bis wir dahinter kamen, denn eine Gebrauchsanweisung wurde nicht mitgeliefert.

Was wir gleichermaßen erst mit der Zuchtpraxis erfuhren, war die Tatsache, daß fast alle Grauen aus Weißen – ich sage hier bewußt nicht „Wildfarbig" – leicht weiß-gescheckt waren. Sie zeigten einige weiße Federn am Kopf und Hals oder auch einzelne weiße Schwingen und/oder Schwanzfedern, während die eigentlichen Weißen aus dieser Zucht in ganz vielen Fällen einen blaßgrauen Rückensattel in der Größe eines Fünfmarkstückes hatten. Beides hat zur langandauernden Verwirrung in der Reisamadinenzucht beigetragen: Denn was waren nun Weiße, Schecken oder Graue und wie vererbten sie im einzelnen weiter? Vor allem glaubten manche Züchter lange Zeit, über etwas hellere Schecken wieder zu Weißen kommen zu können, andere meinten, die dunklen Flecken am Jugendkleid der Weißen kämen nur aus der Abstammung von Wildfarbigen oder Schecken und man käme nur über möglichst Weiße zu rein Weißen.

Die verschiedenen Schauklassen rein weißer, rein wildfarbiger und auch bereits schön gescheckter Reisamadinen auf den Ausstellungen beweisen, daß die Züchter inzwischen gelernt haben, wie sie selektiv vorgehen müssen, um dieses Ziel zu erreichen, nur wird darüber leider wenig geschrieben, obwohl die Geschichte relativ einfach ist:

1. Die **blaßgrau gesattelten,** sonst aber weißen Jungvögel färben zu 95 % auch dann zu **rein Weißen** aus, wenn sie über Schekken oder Wildfarbige gezüchtet, also spalterbig sind. Nur muß man darauf oft länger als ein Jahr warten, da die völlige weiße Ausfärbung meistens erst mit der zweiten Vollmauser erfolgt. Weiße Jungvögel sind also im ersten Lebensjahr noch keine Ausstellungsvögel, ein bedauerlicher aber akzeptabler Umstand.

2. Aus den anfallenden **Grauen** mit einigen weißen Federn lassen sich selektiv in einigen Generationen **rein Wildfarbige** herauszüchten, die sich äußerlich nicht von importierten Wildlingen unterscheiden, es sei denn durch ein etwas ruhigeres Wesen und unter Umständen eine stattlichere Figur. Noch kürzer ist hier der Weg, wenn tatsächlich Wildlinge eingekreuzt werden. Kommt ein Partner, vorzugsweise das Weibchen, aus einem domestizierten Stamm, so gelingt diese Zucht auch leichter.

3. Die Zucht wirklich schöner **Schecken** mit etwa gleichen Anteilen weißer und dunkler Federn und einer möglichst symmetrischen Scheckung ist nach wie vor die schwierigste. Sie sind an den Ausstellungen deshalb auch noch geringer beteiligt.

Es bleibt kein anderer Weg, als die Hellsten aus der Weißzucht zu nehmen. Die Einkreuzung von Weißen hat nicht den geringsten Zweck, weil man nicht sehen kann, welche Form von Grau oder Gescheckt sie vererben und weil Weiß selbst keinerlei Einfluß auf Scheckung hat. Es gibt eine scheinbare Ausnahme, nämlich solche „Weißen", die **etwas Schwarz** am Kopf, auf den großen Flügeldecken oder an den Schwingen haben. Sie fallen recht selten, aber es gibt sie, und **dieses Schwarz bleibt.** Deshalb sind es genetisch auch keine Weißen sondern ganz helle Schecken. Verpaart mit einem dunklen Schecken kann man zu den begehrten Schecken mit gleichmäßiger Farbverteilung zwischen Hell und Dunkel kommen. Wer gezielt Scheckenzucht mit Reisamadinen betreiben möchte, sollte sich darauf spezialisieren und die Zucht rein Weißer vergessen.

Falbe Reisamadinen. Diese sehr ansprechende Mutation in zartem Beige als Grundfarbe bei dunkelbrauner Kopfplatte und gleich gefärbtem Großgefieder soll in Australien erzüchtet und Mitte der 70er Jahre nach Holland importiert worden sein. 1977 erhielt KIRSCHKE diese Mutation als einer der ersten in der Bundesrepublik Deutschland von dort, womit sie in die richtigen Hände gekommen war. Wohl waren die ersten kleiner als hier gezüchtete Weiße und Schecken, erwiesen sich aber gleich als fruchtbar, wenn auch in der Zucht zunächst nicht ohne Probleme (Foto 5).

Durch Einkreuzung kräftiger Wildfarbiger gelang es KIRSCHKE bald, die Größe zu verbessern, sowie Fruchtbarkeit und Widerstandskraft zu heben, so daß sie heute im ganzen Land zahlreich gezüchtet werden und auch ihr Preis ein erschwingliches Niveau erreicht hat.

Ihre Vererbungsweise erwies sich als rezessiv, was zunächst eine Überraschung war, nachdem sich die meisten Vogelmutationen mit Braun im Gefieder bisher als geschlechtsgebunden vererbend gezeigt hatten.

Das brachte KIRSCHKE darauf, die Zusammensetzung der Gefiederfarben der zunächst als Isabellen angebotenen Reisamadinen mit der von Phäo-Kanarien und Falben Wellensittichen zu vergleichen, beide gleichermaßen rezessiv vererbende Vogel-Mutationen, bei denen rötlich-braune Gefiederfarben vorherrschen. Er meint, daß sich die Federfarben der wildfarbigen Reisamadine wie bei Melaninkanarien der Schwarzreihe und naturfarbigen Wellensittichen aus dem schwarzen bis grauen Eumelanin und dem braunen bis rötlichen Phäomelanin zusammensetzen. Bei isabellfarbenen Reisamadinen sei das Eumelanin ebenso ausgefallen wie bei Phäo-Kanarien und Falben Wellensittichen. Auf seine Anregung hin wurden die Isabell-Reisamadinen folglich durch die Arbeitsgemeinschaft der Exoten-Züchter in der AZ in **Falbe** umbenannt. Sie erfreuen sich inzwischen großer Beliebtheit. Ihre Augen sind dunkelrot.

Für Pflege und Zucht der Domestizierten Reisamadinen gilt im wesentlichen das unter Wildvögeln Gesagte, nur daß sie der Abstammungskontrolle wegen vorwiegend in Einzelkäfigen von mindestens 60 cm, besser 80 cm Länge betrieben werden sollten, wobei es besser ist, den für sie benötigten größeren Nistkasten grundsätzlich außen anzuhängen. Auch die z. T. noch handelsüblichen Glasbadehäuser eignen sich nicht, da zu klein und weil diese langbeinigen Vögel darin nicht gut Halt finden. Die größeren Plastikbadehäuser sind vorzuziehen und sollten ständig verfügbar sein, weil Reisamadinen fast ebenso gern und häufig baden wie Mövchen, dies auch dem Gefiederglanz und der Sauberkeit insbesondere der Weißen vor den Ausstellungen sehr förderlich ist.

Die Mauser geht übrigens bei gesunden Vögeln schnell vonstatten und erfolgt nach der Brutzeit. Domestizierte sind auch im Winter in geheizten Räumen zur Brut zu bringen. Solche mausern dann im Frühjahr. Eine Brutzeit im Frühjahr ist schon allein wegen des die Zucht sehr fördernden Grünfutters vorzuziehen, obwohl die meisten domestizierten Vögel, die angenehme Eigenschaft besitzen, sich nach den Wünschen ihrer Züchter zu richten.

Eine negative Eigenschaft der weißen Männchen darf nicht unerwähnt bleiben. Sie sind trotz ihrer langsamen Ausfärbung meist schon im dritten Lebensjahr nicht mehr zeugungsfähig, obwohl sonst unter Umständen noch jahrelang scheinbar vital. Das gilt nicht für Wildfarbige, Falbe und Schecken, auch nicht für Weibchen in allen Farben. Das ist eine sehr seltene Ausnahme in der Kleinvogelzucht und besonders bei Prachtfinken, deren überwiegende Mehrzahl selbst kleinster Arten bis zum sechsten Jahr und darüber in beiden Geschlechtern noch gut züchten.

Die allgemeine Lebenserwartung liegt auch für Reisamadinen höher, aber wer intensiv züchtet, muß weiße Männchen schon im dritten Jahr aus der Zucht nehmen, weiße Weibchen dagegen erst im vierten oder fünften Lebensjahr. Wer kauft, tut gut daran, besonders bei Weißen auf die Jahreszahl zu achten, die auf dem geschlossenen Züchterring eingestanzt ist, und zwar quer. Auf unberingte Vögel aus unbekannter Quelle verzichtet man besser, zumal die geschlossene Beringung bei Domestizierten Reisamadinen kein Problem ist. Sie nehmen Nestkontrollen kaum übel, auch wenn man sie dazu vorsichtig aus dem Nest treibt. Sie sitzen sowieso recht lose, wie der Züchter sagt, und neigen zum Verlassen des Nestes schon beim Herantreten an den Käfig, ohne damit die Brut zu gefährden.

Für junge Domestizierte ist es ihrer Entwicklung sehr förderlich, wenn sie den Sommer in Freivolieren mit angrenzendem Schutzraum verbringen können. Das Anbringen von Nistkästen ist dort nicht erforderlich. Das gilt ebenso für geräumige Zimmervolieren, die den jungen Winterbrutvögeln zur Verfügung stehen sollten. Sonst kommt es leicht zu vorzeitiger Paarbildung und Eiablage, während Reisamadinen nicht vor einem Alter von mindestens neun Monaten, besser einem Jahr, zur Zucht angesetzt werden sollen. Das Gleiche gilt, trotz ihrer geringen Größe, auch für Zebrafinken und Mövchen. Mit ersteren kann man bis zum sechsten Lebensjahr in beiden Geschlechtern erfolgreich züchten, mit letzteren etwa bis zum vierten im Durchschnitt.

Aus der Kombination von **Falben** und **Weißen** hat man inzwischen auch **Weiße mit roten Augen** gezüchtet, die phänotypisch wie echte Albinos aussehen, genotypisch jedoch eigentlich „Falbe Weiße" sind. Man verfährt dabei nach der Regel für die Kombination zweier rezessiv vererbender Farbschläge. Am einfachsten ist es, wenn man im Falle der Reisamadine von reinerbigen Weißen ausgehen kann, die inzwischen in ausreichender Menge auf dem Markt sind. Ohne Rücksicht auf das Geschlecht wird ein solcher weißer Vogel mit einem falben verpaart. Daraus fällt 100 % weiße Nachzucht, spalterbig in falb. In der nächsten Generation, unter sich verpaart, bringen solche Reisamadinen 25 % Falbe Weiße, äußerlich weiß mit roten Augen. Um gerade in dieser Zucht Inzucht zu vermeiden, ist natürlich von mehreren blutsfremden Paaren auszugehen.

Wurde von einem weißen Vogel spalterbig in grau ausgegangen, so fallen in der 1. Generation verpaart mit Falb außer Weißen natürlich auch Graue bzw. Dunkelschecken in Grau (wildfarbig). Selbstverständlich sind auch diese spalterbig in falb, was eigentlich diese Zucht noch interessanter macht. In der nächsten Generation können wir nämlich auf diese Weise neben Weißen mit dunklen und mit roten Augen auch Graue und Falbe in ein und demselben Nest liegen haben, nicht zuletzt leicht gescheckte Vögel in diesen Dunkelfarben.

Mit Hilfe der leicht gescheckten Falben, also falben Dunkelschecken, lassen sich aus deren selektiver Weiterzucht unter sich **Falb-Schecken** in ausstellungsreifer Farbverteilung auf die Stange bringen, die man gelegentlich schon gesehen hat. Einige Geduld gehört dazu, aber die braucht jeder in der Vogelzucht, und die verhältnismäßig kurze Farbskala der Reisamadinen wäre damit um zwei weitere Formen bereichert.

Als Rasse von den Kleinen Sunda-Inseln gibt es schließlich noch die **Braune Reisamadine** *(Padda fuscata)*, mit 12 cm Länge kleiner als die Festlandform, bei der alle stahlgrauen Gefiederpartien, mit Ausnahme der Unterseite bauchabwärts, hell-schokoladenbraun sind, Augenlidränder und Schnabel grau, Bauch weiß, zum Braun der Vogelbrust gut abgegrenzt, Großgefieder schwarzbraun, Füße hornfarben. Diese schönen Vögel sind gegen Ende des vorigen Jahrhunderts in einigen wenigen Stücken eingeführt worden, wurden damals nach IMMELMANN auch in Berlin und Paris gezeigt, dürften aber ausgestorben sein, ohne in der Fachliteratur genannte Nachkommenschaft hinterlassen zu haben. Erst 1977 wurden sie nach KIRSCHKE von Dr. BURKARD in die Schweiz wieder eingeführt. Es bleibt zu hoffen, daß sie damit in die richtigen Hände gekommen sind. Inzwischen sollen einige auch bereits in die Bundesrepublik Deutschland gekommen sein. Nach geglückter Weiterzucht gäbe es für die Braunen logischerweise viele neue Möglichkeiten.

Das Schauwesen für Domestizierte Prachtfinken

Ausstellungen erfreuen sich in den Reihen der Vogelliebhaber auf der ganzen Welt wachsender Beliebtheit. Eine Beteiligung daran ist aber nur über die Mitgliedschaft in einer der Dachorganisationen möglich, die Vogelschauen veranstalten. Das sind in der Bundesrepublik die Vereinigung für Artenschutz, Vogelhaltung und Vogelzucht (AZ) e. V. und der DKB (Deutscher Kanarienzüchter-Bund) mit seiner angeschlossenen Exoten-Fachsparte. Die meisten lokalen Vogelzüchter-Vereine, die es schon fast in jeder Kleinstadt gibt, sind einer der beiden Organisationen angeschlossen. Beide gemeinsam haben den nachfolgenden Standard erarbeitet, wonach u. a. Domestizierte Prachtfinken ausgestellt und bewertet werden. Wesentlicher Zweck dieses Systems ist die Förderung der einzelnen Rassen und Arten nach Farbe und Formqualitäten, Rassereinheit und Gesundheit im züchterisch-freundschaftlichen Wettbewerb.

Der auszugsweise Abdruck des nachfolgenden Standards erfolgt mit freundlicher Genehmigung der AZ. Die Autoren des Standards sind Th. Pagel und W. Esters †, der AZ-Sparte AEZ (Arbeitsgemeinschaft der Exoten-Züchter).

Allgemeines zur Bewertung

Grundsätzlich wird in Deutschland auf großen Schauen nur nach dem Plazierungssystem, ausnahmsweise nach dem Prädikatsystem, bewertet. Kleinere, örtliche Schauen können, nach vorheriger Vereinbarung mit dem amtierenden Zuchtrichter, andere Vereinbarungen treffen, so z. B. eine Kombination der beiden Systeme. AZ-Bundesschauen und -Landesschauen werden stets plaziert (Wertung von Platz 1 – 7).

Grundlage jeder Bewertung ist das früher angewandte Punktsystem, und zwar für alle exotischen Vögel. Aus der Anzahl der Punkte wird auch das zu vergebende Prädikat ermittelt. Den Zuchtrichtern wird empfohlen, in Grenzfällen oder bei scheinbarer Gleichwertigkeit die Vögel durchzupunkten.

Punktskala – Prädikate

Typ, Größe und Haltung	40 Punkte
Farbe und Zeichnung	35 Punkte
Flügel und Schwanz	10 Punkte
Schnabel, Füße, Beine	15 Punkte
Erreichbare Punktzahl:	100 Punkte

Einzel- und Paarwertung

90 – 100 Punkte = vorzüglich – V
85 – 89 Punkte = sehr gut – SG
80 – 84 Punkte = gut – G
75 – 79 Punkte = befriedigend – B

Weitere Bewertungen nach unten werden nicht ausgeübt. Vögel, welche nicht mindestens 75 Punkte erreichen, werden nicht bewertet, das heißt, sie erhalten einen Querstrich in das Bewertungsfeld der Karte. Das gleiche gilt für Vögel, die entweder in einer falschen Klasse stehen oder solche, die starke Konditionsmängel (auch Mauserschäden) aufweisen. Auch das Fehlen von mehr als einer Kralle bzw. Zehe führt zum Ausschluß des Vogels aus der Bewertung.

Sofern mehrere Vögel das gleiche Prädikat erreichen, ist der Zuchtrichter angehalten, dieses zu unterteilen, z. B. SG – I und SG – II. Voraussetzung für eine Bewertung ist im allgemeinen eine gute Kondition. Der Vogel soll lebhaft sein und keine unnötige Scheu zeigen. Schnabel und Füße sollen glatt, in der geforderten Farbe sein und keine Beschädigungen aufweisen, das Auge soll lebhaft und rund sein, ohne Trübung und ohne Fleckung (Star). Größe und Haltung sollen der Art entsprechen, das Gefieder darf keine größeren Lücken aufweisen. Rassenmischlinge werden nicht bewertet. Es wird in zwei Leistungsstufen ausgestellt.

Auf größeren Schauen werden die nachstehenden Klassen nach Geschlechtern und nach Alt- und Jungvögeln getrennt, wobei unter „Altvögeln" alle überjährigen und älteren zu verstehen sind. Als „Jungvögel" werden nur solche ausgestellt, die im Jahr der Ausstellung geschlüpft sind.

Alle Aussteller beginnen in der „Züchterstufe" (Z), damit Anfänger nicht gleich mit berühmten Stämmen bekannter Aussteller konkurrieren müssen. Nach Erringung einer bestimmten Anzahl von Preisen (Medaillen etc.) steigen sie dann nach einem bestimmten Schlüssel, der von der AEZ-Leitung überwacht wird, in die „Fortgeschrittenenstufe" (F) auf. Um die höchsten Auszeichnungen auf großen Schauen, wie z. B. „Bundes-" oder „Landessieger", „bestes Gegengeschlecht" oder „Schaugruppensieger" besteht jedoch von Beginn an Chancengleichheit. In anderen Worten, um diese höchsten Auszeichnungen konkurrieren "Züchter" und „Fortgeschrittene" gleichberechtigt.

Die Ermittlung geht folgendermaßen vor sich: Nachdem alle Schauklassensieger feststehen, kommen sie alle zusammen erneut auf den Richtertisch, um aus ihnen in einer nochmaligen Vergleichsbewertung von oben nach unten und ganz unabhängig von den Züchterstufen die genannten Siegervögel herauszufinden. An dieser letzten Auswahl nehmen alle amtierenden Exoten-Richter einer Schau teil. Falls das Ergebnis nicht einstimmig ist, erfolgt Mehrheitsfindung durch geheime Zettelwahl nach Käfignummern.

Schauklasseneinteilung

Zebrafinken

Farbe	Zj	Za	Fj	Fa*
Grau	1	21	41	61
Zimt	2	22	42	62
Hellrücken	3	23	43	63
Silber	4	24	44	64
Creme	5	25	45	65
Marmorset	6	26	46	66
Weiß	7	27	47	67
Schecken grau	8	28	48	68
Schecken zimt	9	29	49	69
sonst. Schecken (auch Schwarzbrust)	10	30	50	70
Pinguin grau	11	31	51	71
Pinguin zimt	12	32	52	72
sonst. Pinguin (auch Schwarzbrust)	13	33	53	73
Schwarzbrust grau	14	34	54	74
Schwarzbrust zimt	15	35	55	75
sonst. Schwarzbrust (Schimmel)	16	36	56	76
Haubenzebrafinken aller Farben	17	37	57	77
Neumutationen	18	38	58	78

* Zj = Züchter-Jungvogel, Za = Züchter-Altvogel, Fj = Fortgeschrittene-Jungvogel, Fa = fortgeschrittene-Altvogel

Japanische Mövchen

Farbe	Zj	Za	Fj	Fa
Dunkelbraun gezeichnet (= geschuppt oder geperlt)	81	101	121	141
Dunkelbraun hellbäuchig	82	102	122	142
Mittelbraun	83	103	123	143
Nougat	84	104	124	144
Cremenougat	85	105	125	145
Fuchsrot	86	106	126	146
Ockergelb	87	107	127	147
Creme (hell und dunkel)	88	108	128	148
Weiß	89	109	129	149
Schecken dunkelbraun	90	110	130	150
Schecken nougat	91	111	131	151
Schecken fuchsrot bis ockergelb	92	112	132	152
Schecken creme	93	113	133	153
Hauben einfarbig	94	114	134	154
Hauben gescheckt und weiß	95	115	135	155
Neumutationen (z. B. Lockenmövchen)	96	116	136	156

Reisamadinen

Farbe	Zj	Za	Fj	Fa
Grau (wildfarben)	161	166	171	176
Schecken	162	167	172	177
Weiß	163	168	173	178
Falbe	164	169	174	179

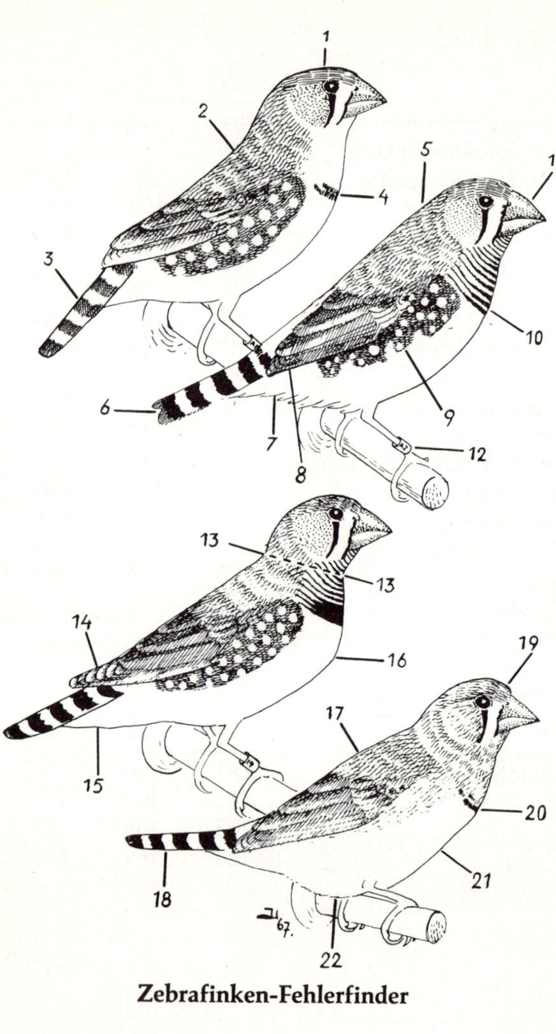

Zebrafinken-Fehlerfinder

Erklärung zum Fehlerfinder des AZ/DKB Einheitsstandards Zebrafinken

1. flacher, zu wenig gerundeter Kopf
2. hohler Rücken, Neigung zu Kreuzflügeln
3. abgeknickter, hängender Schwanz
4. angedeutetes Brustband bei Pinguin-Zebraf. grober Fehler
5. zu stark ausgewölbter Nacken
6. unzuzlässige Schwanzgabelung
7. loses Aftergefieder
8. hängende Flügel (Konditionsmangel)
9. durchbrochenes, unregelmäßiges Flankengefieder
10. Brustband fehlt völlig
11. übergroßer, zu stark gewölbter Schnabel
12. Beine zu lang, zu stark gespreizt
13. Kopf stark abgesetzt, Hals zu dünn
14. lange Flügel
15. fülliges Aftergefieder
16. kantige Brust
17. gewölbter Rücken
18. Schwanz zu steil getragen
19. hohe, gewölbte Stirn
20. unzulässige Männchenzeichnung bei Weibchen
21. flache Brust
22. wammenartiger Bauch, falsche Haltung

Fehlerermittlung und Bewertung für Zebrafinken

Fehler in der Kondition (Allgemeinzustand) sind in allen in der Punktskala angegebenen Rubriken anzurechnen, und zwar in der jeweils zutreffenden Spalte (Beispiel: Mauserlücken im Großgefieder = Flügel/Schwanz). Insbesondere Graue neigen dazu, flekkiges, braungesäumtes Rückengefieder zu zeigen, was zu Abzügen führt.

Bei Schecken soll die Scheckung gleichmäßig über alle Körperteile verteilt sein. Männchen müssen von allen Geschlechtsmerkmalen Teile erkennen lassen. Weiße dürfen keine Dunkelpartien aufweisen. Silber und Zimter können heller oder dunkler in der Grundfarbe sein. Bei Dominanten Silber sollen die Wangenflecke entweder weißlich oder orangebraun sein. Zwischenfarben sind fehlerhaft. Bei Gleichwertigkeit der Vögel werden die mit der helleren Grundfarbe (typischer) vorgezogen. Männliche Geschlechtsmerkmale bei Weibchen (Brustband angedeutet/Wangenfleck) werden mit Abzügen bedacht, bei starken Erscheinungen mit Ausschluß (ausgenommen Schwarzbrust-, Orangebrust- und Wangen-Zebrafinken). Das Brustband soll etwa 3–4 mm breit die gesamte Brust überziehen und keine Unterbrechung aufweisen. Durch Mauserschäden unterbrochene Brust-, Flanken- und Schwanzzeichnung wird mindestens mit einem Punktabzug pro Eigenschaft bestraft.

Unerwünscht und nicht erstrebenswert sind Kombinationen ohne entsprechenden Kontrast, die so schwach in ihren Farben sind, daß sie nicht klar als Kombination erkennbar sind.

Gelbschnäbel können in allen Farben auftreten, sollten aber ein reines Gelb als Schnabelfarbe aufweisen, keinesfalls ein schwaches Orange. Ab 7 Käfige werden sie in Sonderklassen ausgestellt. Alle untypischen Haltungsformen gelten als Konditionsmängel und sind zu bestrafen, desgleichen schlecht trainierte Vögel. Schäden im Schnabellack führen zu Abzügen. Schnabelmißbildungen führen zur Disqualifizierung. Paare müssen zueinander passen.

Musterbeschreibungen Zebrafinken

1,0 = Männchen, 0,1 = Weibchen

Graue Zebrafinken (wildfarbig) **1,0** Schauklasse 1/21/41/61

Auge: dunkel- bis rötlichbraun
Schnabel: korallenrot, ohne Risse und Flecken
Kopf/Hals/Rücken: rein schiefergrau, Flügel können leichte hellere Säume haben, jedoch keinesfalls bräunlich
Füße/Beine: orange-rötlich, ohne Schienen und Knoten
Kehle/Vorderbrust: mit gleichmäßiger schwarzweißer Zebrazeichnung, unten mit 3–4 mm breitem schwarzen Band abgegrenzt
Unterseite: weiß, leichter Creme-Anflug wird nicht als Fehler angesehen
Flankenzeichnung: rostrot, mit gleichmäßig verteilten weißen, runden Tupfen. Längliche Tupfung ist fehlerhaft
Wangenflecke: rund bis oval, rostbraun, deutlich vom Kopfgefieder getrennt
Kopfzeichnung: ein schmaler schwarzer Streifen umgibt den Schnabel, desgleichen zieht sich vom Auge abwärts ein schwarzer Tränenstrich, der gut ausgeprägt sein muß
Schwanz: schwarz, Oberschwanzdecken gleichmäßig schwarzweiß gebändert
0,1: ihm fehlen Zebrazeichnung und Brustband, Wangenflecken und Flankenzeichnung. Die Unterseite ist beige bis hellgrau und ohne scharfe Trennung gegen das übrige schiefergraue Gefieder.

Zimt-Zebrafinken 1,0 Schauklasse 2/22/42/62

Auge: dunkel- bis rotbraun
Schnabel: korallrot
Kopf/Hals/Rücken: zimtbraun bis dunkelbeige
Füße/Beine: rötlich-orange
Kehle/Vorderbrust: hellbeige mit dunkelbrauner Zeichnung
Nachfolgende Merkmale wie bei Grauen.

Schwanz: schwarzbraun bis schwarz, Oberschwanzdecken gebändert

0,1: wie Graue, jedoch alle Farben zimt bis beige, Unterseite creme/hellbeige.

Hellrücken-Zebrafink (pastellgrau) **1,0** Schauklasse 3/23/43/63

Auge: dunkel

Schnabel: korallenrot

Kopf/Hals/Rücken: pastellgrau, Kopf jedoch dunkler als Rükken.

Nachfolgende Merkmale wie bei Grauen.

0,1: ebenfalls pastellgrau mit weißlichgrauem Unterbauch.

Silberzebrafink rezessiv

Werden ab 7 Schauvögel von den Dominanten getrennt.
Wie Dominante Silber, jedoch Wangenflecke rostrot.
Grundfarbe an Kopf, Hals und Rücken bräunlich silbern ohne andersfarbige Schattierung.

Silberzebrafink dominant 1,0 Schauklasse 4/24/44/64

Auge: dunkel

Schnabel: leuchtend rot

Kopf/Hals/Rücken: in allen Teilen verdünntes Grau, möglichst ein helleres Silbergrau, welches gleichmäßig verteilt ist, so daß keine graubraunen Wolken entstehen

Füße/Beine: blaßrot

Kehle/Vorderbrust: bleigraue Zeichnung auf fast weißem Untergrund

Unterseite: möglichst reines Weiß

Flankenzeichnung: orangebraun mit weißen Tupfen

Wangenflecke: orangebraun, kann auch weißlich sein; sofern letztere in ausreichender Zahl vorhanden sind, werden die Klassen unterteilt, wobei dann die Weißwangen mit I, z. B. 24/I bezeichnet werden.

Kopfzeichnung: wie Graue

Schwanz: bleigrau, Oberschwanzdecken bleigrau mit weißen Bändern

0,1: gleichmäßig silbergrau, ohne Schattierungen, Oberschwanzdecken wie 1,0

Creme-Zebrafink 1,0 Schauklassen 5/25/45/65

Kombinationsfarbe aus Zimt und Silber

Auge: dunkel

Schnabel: leuchtend rot

Kopf/Hals/Rücken: gleichmäßig helles, sehr zartes Beige ohne Wolken und Schattierungen

Füße/Beine: helles orangerot

Kehle/Vorderbrust: auf ganz hellem Beige zartbraune Zebrazeichnung, Brustband ein wenig dunkler

Unterseite: weiß

Flankenzeichnung: hellorangerotbraun mit weißen runden Tupfen

Wangenflecke: gelblich bis orange

Kopfzeichnung: zartbraun, Zeichnung wie bei Grauen

Schwanz: hellbeige mit weißer Bänderung

0,1: gleichmäßig zartbeige, soll zarten, duftigen Eindruck vermitteln.

Marmorset-Zebrafinken 1,0 Schauklassen 6/26/46/66

Auge: dunkel

Schnabel: leuchtend rot

Kopf/Hals/Rücken: weiß mit ganz zartem Creme-Hauch

Kehle/Vorderbrust: auf weißem Untergrund schwarze Zeichnung mit schwarzem Brustband

Unterseite: reinweiß

Flankenzeichnung: orangegelb mit weißen Tupfen

Kopfzeichnung: schwarze Zeichnung wie bei Grauen

Schwanz: weiß mit schwarzer Bänderung

0,1: weiß mit sehr schwachem Creme-Hauch, dunkle Köpfe unerwünscht.

Weiße Zebrafinken Schauklassen 7/27/47/67

Wie Marmorset, aber Gefieder rein weiß ohne Zeichnung

Hellbrust oder Isabell Schauklasse 18/38/58/78

Neumutationen aus Holland, bekannt seit 1976. Von Creme unterschieden durch dunklere Wangenflecke, fehlende Tränenstriche und fehlendes Brustband beim Männchen. Vererbung rezessiv, Grundfarbe beige ohne gräulichen Unterton.

Schecken-Zebrafinken

Schauklassen 8/9/10/28/29/30/48/49/50/68/69/70

Können in allen Farben auftreten. Die Grundfarbe muß der jeweiligen Mutation entsprechen. Die Anteile des weißen Gefieders (ca. 50 %) sollen symmetrisch sein. Beim 1,0 sollen alle geschlechtsdymorphen Merkmale deutlich zu erkennen sein.

Pinguin-Zebrafinken 1,0

Schauklassen 11/12/13/31/32/33/51/52/53/71/72/73

Diese Zeichnung kommt von grau bis creme in allen Mutationen vor. Desgleichen bei Marmorsets, die dann Marmorset-Pinguin (Rotflanken) genannt werden.

Auge: dunkel
Schnabel: rot
Füße/Beine: rot bis blaßorange, je nach Grundfarbe
Kopf/Hals/Rücken: der jeweiligen Grundfarbe entsprechend
Kehle/Vorderbrust: reinweiß, bei Männchen ohne Andeutung des Brustbandes
Unterseite: reinweiß
Flankenzeichnung: der Grundfarbe entsprechend
Wangenflecken: der Grundfarbe entsprechend
Kopfzeichnung: Tränenstriche entfallen
Schwanz: Bänderung entsprechend der Grundfarbe.
0,1: oberseits der Grundfarbe entsprechend, unterseits reinweiß, Wangen weißlich

Schwarzbrust-Zebrafinken 1,0
Schauklassen 14/15/16/34/35/36/54/55/56/74/75/76

Auge: dunkel
Schnabel: rot
Füße/Beine: rot bis orange, je nach Grundfarbe
Kopf/Hals/Rücken: sollen der Grundfarbe entsprechen. Schwarzbrust wird in allen Farben von Grau bis Marmorset gezüchtet.
Kehle/Vorderbrust: Bei Grauen schwarz, kleine weiße Kehlflecke sind zulässig, bei den anderen Mutationen soll die Brustfarbe der Brustbandfarbe der Grundfarbe entsprechen.
Unterseite: reinweiß, evtl. mit leichtem Anflug, je nach Grundfarbe.
Flankenzeichnung: rotbraun bis orangerot, je nach Grundfarbe, mit starker weißer, breiter Strichelung.
Wangenflecke: deutlich größer als bei normal-gezeichneten, können hinter dem Kopf zuammentreffen.
Kopfzeichnung: diese Mutation hat keinen Tränenstrich, der schwarze Rand um den Schnabel ist stark verbreitert.
Schwanz: wie Grundfarbe, Oberschwanzdecken haben statt der Bänderung Längsstreifen in der Federmitte von cremegelber Farbe.
0,1: wie normal gefärbt, jedoch ohne Tränenstrich und mit Längsstreifen auf den Oberschwanzdecken.
Besonderheit: Wangen weiß-grau, Brust grau, Bauch: hellbeige. Feine rotbraune Säumung des Obergefieders (Schwingen) ist kein Fehler und sollte gefördert werden in beiden Geschlechtern.

Schimmel: sogenannte weiße Schwarzbrust, erscheinen weiß mit grau geschimmeltem Gefieder und zartem grauen Hauch über dem Körper. Häufig schimmert bei Männchen ein Brustband durch.

Pinguin-Schwarzbrust: Kombination der Mutationen Pinguin und Schwarzbrust. Entsprechen in der Grundfarbe den Schwarzbrust, jedoch mit reinweißer Kehle, Vorderbrust und Unterseite. Tränenstriche fehlen.

Hauben-Zebrafinken Schauklassen 17/37/57/77

Haubenzebrafinken können in allen Mutationen und Kombinationen gezüchtet werden. Sie sollen in allen Teilen den anderen Farbschlägen ohne Haube entsprechen.
Haube: Deutlich erkennbar, möglichst geschlossen von einem zentralen Scheitelpunkt auf der Kopfmitte ausgehend und lückenlos. Da bei Haubenvögeln Deformationen vorliegen können, sind die Preisrichter hier besonders angehalten, Kondition und Gesundheitszustand zu beachten.

Sonstige Farbschläge/Neumutationen
Schauklassen 18/38/58/78

Alle in diesem Standard nicht genannten Farbschläge und Farbkombinationen sind bis zur Aufnahme an den Einheitsstandard unter Neumutationen auszustellen.

Fehlerermittlung und Bewertung für Mövchen

Grundbedingung für eine Bewertung ist eine gute Kondition. Kondition ist der erste positive Eindruck, der dem Betrachter Gesundheit und artgerechtes Verhalten anzeigt. Dazu gehören ein einwandfreies Gefieder, sauberer Schnabel und Füße, lebhaftes, aber keinesfalls scheues Wesen, sowie ein erkennbares Schautraining.

Ist eines dieser Merkmale nicht vorhanden, d. h. der Vogel hat erhebliche Konditionsmängel, so ist er von der Bewertung auszuschließen.

Typ, Größe, Haltung

Die Mindestgröße für ein Schaumövchen beträgt 12,5 cm, Maximalgröße 13,5 cm. Übergröße gilt genau wie Untergröße als grober Fehler, da der ursprüngliche gute Typvogel in jedem Fall vorzuziehen ist. Das Mövchen soll einen kräftigen, kompakten Eindruck machen, dabei aber keinesfalls grob und plump erscheinen. Die Rückenlinie sei gerade mit leicht angewinkeltem Schwanz. Eine gutgewölbte Brust soll breit und muskulös in die Bauchlinie übergehen. Die Beine, leicht angewinkelt, sollen deutlich sichtbar sein, keinesfalls sollten die Mövchen auf der Stange aufliegen. Der Schnabel sei den Körperproportionen entsprechend, keinesfalls zu groß oder klein, gleichmäßig gefärbt und nicht fleckig bei Einfarbigen, sowie frei von Schnabelrissen. Alle genannten Fehler sind je nach Gewicht mit Abzügen zu ahnden, desgleichen diejenigen, die auf der Fehlerfindertafel angezeigt sind.

Farbe und Zeichnung

Bei den Einfarbigen finden wir sowohl Vögel mit deutlich abgegrenzter Brustlinie, als auch solche mit einer fließend ins Bauchgefieder übergehenden Brustfarbe, wobei sich bei letzteren die Schuppung im Brustgefieder beginnend, allmählich stärker werdend, über den Bauch bis ins Aftergefieder erstreckt. Diese Vögel sind, wenn mindestens sieben ausgestellt werden, von denen mit der klaren Brustlinie zu trennen. Beide Formen sind gleich zu bewerten. Mischformen der beiden Typen sind unerwünscht. Bei gezeichneten Mövchen sollte die Zeichnung, Perlung oder Schuppung, auf möglichst dunklem Untergrund deutlich und gleichmäßig verteilt erscheinen. Geperlte bzw. geschuppte Mövchen werden in den Farben dunkelbraun, mittelbraun, nougat, fuchsrot, gelb und cremenougat ausgestellt. Sie können sowohl bei Vögeln mit abgesetzter Brust als auch bei solchen mit fließendem Übergang ins Bauchgefieder auftreten. Grundsätzlich sollte jedoch in erster Linie der Typ beachtet werden.

Bei gescheckten Mövchen ist Wert darauf zu legen, daß die Scheckung gleichmäßig verteilt ist. Zu helle oder zu dunkle Vögel sind nicht erwünscht.

Paare werden nur farblich absolut zueinander passend ausgestellt. Scheckung oder weiße Federn (auch einzelne) sind bei einfarbigen Mövchen schwere Fehler, bei mehreren Stellen oder großer Fläche kann der Vogel disqualifiziert werden.

Fehlende Großfedern (Flügel, Schwanz) werden mit Abzug bestraft, desgleichen deutlich sichtbare Gefiederlücken.

Hauben

Werden getrennt in Einfarbig bzw. Gescheckt, gegebenenfalls auch in einzelne Schauklassen, sofern Beschickung ausreichend. Grundsätzlich müssen sie dem Farbvogel entsprechen. Die Haube soll auf der Kopfmitte sitzen und rund, ohne Lücken und Federkiele, von der Kopfmitte nach außen streben. Es sollen keine kahlen Stellen entstehen (Mitte). Kleine und struppige Hauben sind unerwünscht. Gelegentlich auftretende Doppelhauben (Nackenwirbel zusätzlich) sind statthaft.

Haubengefieder muß bei Einfarbigen dem Grundgefieder entsprechen.

Lockenmövchen

Diese Vögel, die erst zuletzt nach Deutschland gekommen sind, verbleiben bis auf weiteres in der Klasse Neumutationen. Sollen genügend Vögel eingeliefert werden, können Farbklassen gebildet werden.

Lockenvögel treten in allen Farben auf und sollten diesen entsprechen. Die gelockten Federn sollten in erster Linie auf die Brust, den Bauch und das Rückengefieder beschränkt bleiben. Auf keinen Fall sollte das Großgefieder so stark einbezogen sein, daß der Vogel seine Flugfähigkeit verliert. In diesem Fall ist der Vogel von der Bewertung auszuschließen. Besonders gefällig sind gelockte Schecken, da hier die Lockung noch deutlicher wird. Insgesamt soll ein gleichmäßig gelocktes Mövchen bevorzugt werden. (Kombinationen mit Hauben erwünscht.)

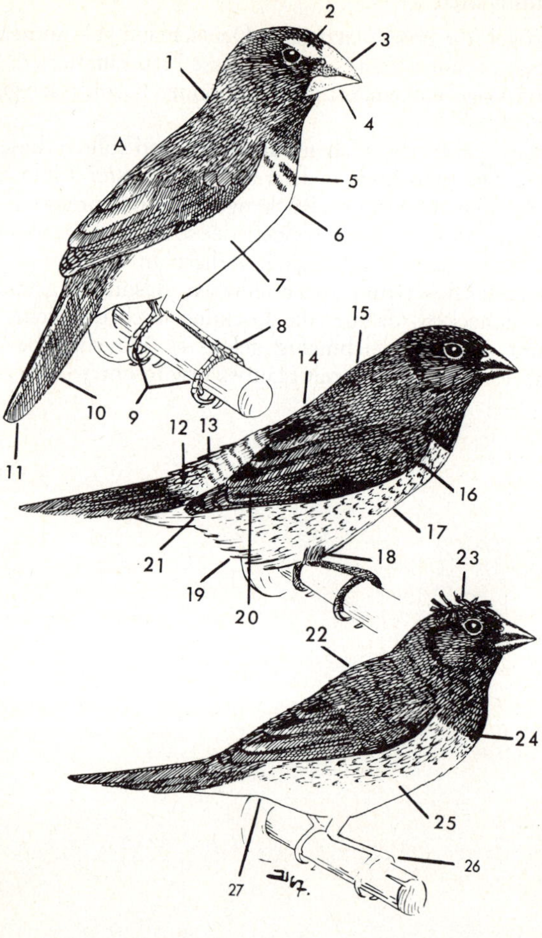

Mövchen-Fehlerfinder

Erklärung zum Fehlerfinder des AZ/DKB Einheitsstandards Japanische Mövchen

A. Haltung zu steil (läßt auf artfremde Einkreuzung schließen)
1. Nackenknick
2. Scheckung bei Einfarbigen
3. Schnabel zu wuchtig
4. Blaugraue Schnabelfarbe
5. Brustband unterbrochen
6. Eckige, spitze Brust
7. Bauch und Flanken bei Dunkelvögel zu hell bzw. weiß
8. Grobgeschuppte, klobige Füße
9. Gespreizte Beine
10. Abgeknickter, hängender Schwanz
11. Stumpfer Schwanz (soll lanzettförmig sein)
12. Zu heller Bürzel
13. Lockeres Bürzelgefieder
14. Hohler Rücken
15. Gewölbter, zu hoher Nacken
16. Hängende, tiefangesetzte Flügel
17. Flache Brust
18. Zu starke Wamme, Hängebauch
19. Loses Bauchgefieder
20. Hängende Flügelspitzen
21. Zu lange Flügel
22. Zu voller Rücker
23. Struppige, zu kleine Haube
24. Gewölbte, hängende Brust
25. Weiße Fleckung in der Bauchmitte bei Einfarbigen
26. Helle Beine bei Dunkelvögeln
27. Hohles Aftergefieder, dadurch erscheint Schwanz gestelzt.

Musterbeschreibungen Japanische Mövchen

Dunkelbraun gezeichnet Schauklassen 81/101/121/141

Auge: schwarz
Beine/Füße: dunkelgrau – schwarz ohne Fleckung
Schnabel: schwarz, ohne Aufhellungen und Risse, Unterschnabel heller
Kopf/Nacken/Vorderbrust: schwarzbraun mit bronzefarbener Verdünnung an den Kopfseiten und helleren Schaftstrichen im Nacken
Unterseite: auf möglichst dunklem Untergrund deutlich geperlt oder geschuppt, scharf zur Vorderbrust abgegrenzt oder fließend in die dann auch leicht geschuppte Vorderbrust übergehend
Unterschwanz und Aftergefieder: braun
Rücken/Flügel: schwarzbraun, mit helleren Schaftstrichen
Schwanz: lanzettförmig, leicht von der Rückenlinie abgehoben, schwarz.

Dunkelbraun hellbäuchig Schauklassen 82/102/122/142

Entspricht in allen Teilen den Gezeichneten, jedoch ist hier auf Unterseite und Bürzel keine Zeichnung (Perlung oder Schuppung) vorhanden. Hellbäuchige haben stets eine scharf abgegrenzte Vorderbrust, andere sind nicht erwünscht.

Mittelbraun Schauklassen 83/103/123/143

Sind in allen Teilen ein wenig heller, kaffeebraun im Kopf- und Rückengefieder, sowie Vorderbrust. Werden sowohl in hellbäuchig als auch gezeichnet gezüchtet, mit und ohne Abtrennung der Vorderbrust.

Nougat Schauklassen 84/104/124/144

Auge: dunkel bis schwarz
Beine/Füße: dunkelgrau - anthrazitfarben
Schnabel: schwarzbraun ohne bläuliche Aufhellungen

Kopf/Nacken/Vorderbrust: Graubraun; bei dieser Farbe erscheinen Vögel der unterschiedlichsten Farben, sowohl sehr helle nougatfarbene, als auch solche, die fast mittelbraun gefärbt sind. Alle sind zulässig, jedoch ist der hellere, deutlich nougatfarbene Vogel vorzuziehen.
Unterseite: mit oder ohne Zeichnung hell rötlichbraun mit brauner Zeichnung
Rücken/Flügel: nougatbraun mit hellerer Schaftstrichelung
Bürzel: wie Unterseite
Schwanz: lanzettförmig, dunkelbraun bis schwarzbraun
Besonderheit: bei dieser Mutation treten häufig Vögel mit schwarzbrauner Maske auf; dies ist unerwünscht. Bei absoluter Gleichwertigkeit in Typ und Größe ist das gleichmäßigere Nougat vorzuziehen.

Creme-Nougat Schauklassen 85/105/125/145

Entspricht in allen Teilen den Nougatvögeln, Farbe stark verdünnt, so daß die Grundfarbe des Vogels ein zartes helles Graubraun ist. Alle anderen Teile entsprechend. Schnabel graubraun.

Fuchsrot Schauklassen 86/106/126/146

Auge: dunkel
Beine/Füße: dunkel fleischfarben
Schnabel: hornfarben (nicht blaugrau)
Kopf/Nacken/Vorderbrust: sattes Fuchsrot, mit hellen Schaftstrichen im Nacken
Rücken/Flügel: gleiche Farbe wie Kopf, helle Schaftstriche
Unterseite: gelblich, mit oder ohne rötliche Zeichnung
Bürzel: wie Unterseite
Schwanz: rotbraun, lanzettförmig

Ockergelb Schauklassen 87/107/127/147

In allen Teilen wie Fuchsrot, jedoch von hellerer Grundfarbe, meist ohne Bauchzeichnung; erscheint insgesamt ockerfarben.

Creme Schauklassen 88/108/128/148

Bei Creme-Mövchen unterscheiden wir zwei Farbspielarten. Einmal ein sehr helles, fast weißes Creme, zum anderen ein gelbliches dunkleres Creme. Beide Formen sind anerkannt und bei genügender Beschickung (mindestens sieben Käfige pro Klasse) zu trennen.

Auge: dunkel
Beine/Füße: hellfleischfarben
Schnabel: möglichst helle Hornfarben
Kopf/Nacken/Vorderbrust: Typ A = helles Creme: ganz zartes Creme, jedoch deutlich von Weiß zu unterscheiden, zum Bauch ohne Übergang verlaufend
Typ B = dunkles Creme: zartgelblich, deutlich von Gelben zu unterscheiden.
Rücken/Flügel: Typ A fast weiß, Typ B intensiver, gelblich
Unterseite: weißgelblich bis zartcreme
Bürzel: weiß bis zartcreme
Schwanz: gelblich bzw. helles Creme

Weiß Schauklassen 89/109/129/149

Auge: dunkel
Beine/Füße: hell fleischfarben, rosaschimmernd
Schnabel: ganz hell hornfarben
Gefieder: ganz reines Weiß, ohne dunkle Flecken und ohne dünne Stellen, insbesondere in der Ohrgegend.

Schecken in allen Farben Schauklassen 90/91/92/93/110/111/112/113/130/131/132/133/150/151/152/153

In allen Farben, auch geschuppt bzw. geperlt, möglichst gleichmäßig mit weißen Aufhellungen durchsetzt, so daß 50 % der Federn farbig und 50 % weiß sind. Auf guten Kontrast ist besonders zu achten.

Schnabel und Füße können ebenfalls gescheckt sein.

Gelegentlich auftretende dreifarbige Schecken sollen entsprechend zu je einem Drittel die deutlich abgetrennte Farbe zeigen.

Fachworterklärung

aberrant: abweichend von einer Norm.
Achatkanarie: Verdünnungsfaktor schwarzer Melanine bei Farbkanarien.
adult: erwachsen, ausgewachsen.
Agaporniden: Afrikanische Zwergpapageien eines großen Rassekreises.
Albino (Albinismus): Totaler Pigmentausfall einschließlich der Augenfarbe, die durch das durchschimmernde Blut rot erscheinen.
allelomorph: Auf den gleichen Chromosomenketten liegend.
Amadinen: Dickschnäblige Prachtfinken.
Ambition: Ehrgeiz.
Ameisenpuppen: Larvenstadium während des Fortpflanzungsprozesses der Ameisen.
Ammen (Ammenaufzucht): hier: Jungenaufzucht durch artfremde Altvögel.
Astrilden: Dünnschnäblige Prachtfinken im Vergleich zu dickschnäbligen als Sammelbegriff (vergl. Amadinen).
asymmetrisch: = unsymmetrisch, ungleichmäßig.
Atavismus: Rückbildung auf primitive Ursprungfomen der gemeinsamen Ahnen.
Automat: hier: Futterautomat als Speicher für die Aufnahme einer oder mehrerer Sorten Sämereien für körnerfressende Vögel.
Bengalenfinken (engl. Bengalees): Veraltete Bezeichnung für Japanische Mövchen im Hinblick auf das Herkunftsland mancher Bronzemännchenarten als Ursprungsformen.
Blaue Kanarien: gibt es nicht. Liebhaberbezeichnung für schieferfarbene Kanarien.
Blaue Zebrafinken: wie oben für Silber-Zebrafinken.
buff: engl. für „lederfarben“, hier: Sammelbegriff in der Vogelzucht für längeres, gröberes, daher in der Farbe stumpferes Gefieder (vergl. „yellow“).
Bürzeldrüsenverhärtung: Häufiges Leiden Japanischer Mövchen, aber auch anderer Vögel.
Chromosome: Winzig mikroskopische Teilchen, die in den Geschlechtszellen die Vererbung steuern. Sie ordnen sich bei der Zellteilung zu Ketten.
Crossing-over (engl.): von der Norm abweichender Chromosomenaustausch von Kette zu Kette.
Darmverschluß: Bei Japanischen Mövchen nicht seltene akute Krankheit, die bei Nichtbeachtung rasch zum Tode führt.
Domestikation: Entwicklung vom Wildtier zum Haustier.
dominant: vorherrschend (hier benutzt für direkte Vererbung).
Durchfall: Bei Vögeln oft Sekundärerscheinung von anderen Krankheiten.
Enchyträen: Im Kompost lebende, kleine weiße Würmer, die als geeignetes Lebendfutter für Vögel im Zoohandel erhältlich, auch selbst züchtbar sind.
Eumelanin: überwiegend schwarzer bis grauer Dunkelfarbstoff.
evolutionär (Evolution): Verändernde Fortentwicklung von Lebewesen über lange Zeiträume.

Exoten: hier: Sammelbegriff für fremdländische Vögel.
Faktoren (Faktorenkoppelung): Auslöser für die Vererbung bestimmer Merkmale. Können einfach, doppelt und verschieden gekoppelt vorhanden sein.
Farbige Ringe: aus Kunststoff (meist offen) in verschiedenen Farben erhältlich zur individuellen Kennzeichnung von Vögeln.
F_1-Generation: Filial-, sprich Folgegeneration. Bei Arten- oder Rassekreuzungen sind die F_1 bis F_3 als Mischlinge zu betrachten.
Frisierte Kanarien: Es gibt gelockte Kanarienrassen, die verschiedene „Frisuren" zeigen, Sammelbegriff daher „Frisierte".
Futterkalk: In verschiedenen Handelsformen im Zoofachgeschäft erhältlich.
genetisch: der Vererbung nach.
genotypisch: Dem Erbbild, nicht unbedingt dem Sichtbild entsprechend (vergl. phaenotypisch).
Geschlechtschromosome: siehe Chromosome.
geschlechtsdimorph: Beide Geschlechter sind unterschiedlich gefärbt und/oder gezeichnet.
geschlechtsgebunden: An das Geschlecht gebundene Vererbungsweise; bei Vögeln sind dabei bestimmte Merkmale nur vom männlichen Geschlecht übertragbar, weil das Männchen zwei Geschlechtschromosome (= XX) besitzt, das Weibchen nur eines (= Xy). Bei Säugetieren ist es umgekehrt.
Grit: Mischung aus feinkörnigem Kies und Muschelbruch; dient den Vögeln zur Aufbereitung des Körnerfutters im Kropf, ist daher unerläßlich.
Großgefieder: Schwingen und Steuerfedern (Schwanzfedern).
Hypothese: noch unbewiesene Behauptung.
Kardinäle: hier: Neuweltliche, mit den Kernbeißern verwandte Finkenvögel, meist mit Haube.
Koloniebrut(-system): Zucht zu mehreren Paaren in einem Gehege.
Kokosfasern: Als Nistmaterial für Prachtfinken im Zoofachhandel erhältlich.
Kombination: hier: Verbindung verschiedener (Farb-)Faktoren in einem Individuum.
Krankenkäfig: Enthält Wärmelampe und Isolierung; wird vom Zoofachhandel angeboten.
Legenot: Krankhaftes Unvermögen, ein Ei abzulegen.
letal (Letalfaktor): tödlich. Es gib Erbfaktoren, die tödlich wirken, wenn sie verdoppelt auftreten, z. B. Federhauben bei Vögeln.
Mauser: Natürlicher Federwechsel bei Vögeln, meist jährlich.
Mehlwürmer: Mehlkäferlarven, als Lebendfutter im Zoofachhandel erhältlich, auch selbst züchtbar.
Melanismus: Aberrante oder mutationelle Dunkelfärbung des Gefieders bis Schwarz.
Mikrophthalmus: Lidspaltverkürzung
Milben: Blutsaugende, winzige Spinnentiere, können nahezu alle Vögel befallen.
Multivitamine: Kombiniertes, meist flüssiges Präparat der verschiedenen lebenswichtigen Vitamine.
Mutation (mutationell): Vererbliche Abänderung von der Wildform; daraus entstanden alle Farbspielarten in selektiver Zuchtlenkung.

Nominatform: Ausgangsform von der eine Art den wissenschaftlichen Namen erhielt. Hiervon können sich durch Isolierung auch ohne menschliches Zutun geographische Rassen abspalten.
Palette: Eigentlich Platte, auf der ein Maler verschiedene Farben probiert und mischt.
Papillen: Licht reflektierende Wärzchen im Schlund junger Prachtfinken; nach Arten unterschiedlich in Form, Farbe und Anordnung.
partiell: zum Teil, teilweise.
Pestizide: Im Pflanzenschutz gebrauchte chemische Bekämpfungsmittel gegen Krankheitserreger, oft giftig für Tiere, die damit behandelte Pflanzen fressen.
Phaenotyp (phaenotypisch): In der Vererbungslehre angewandt: dem äußeren Sichtbild entsprechend.
Phäomelanin: überwiegend brauner bis rötlicher Dunkelfarbstoff.
phonetisch: dem Gehör nach.
phosphoreszieren: grünliches Licht reflektierend.
pigmentfleckig: dunkelfleckig auf hellerem Grund.
Pigmentkörnchen: Winzige Körnchen in den Federzellen, die je nach Größe und Form, sowie Anordnung den Eindruck dunkler Gefiederfarben vermitteln.
Poa annua: Wissenschaftlicher Name für das Einjährige Rispengras, in Gärten und an Wegrändern verbreitet.
Prägung: hier: Begriff der Verhaltensforschung. Prägung der Jungen auf die Eltern oder auf die Ammen in einer früheren Lebensphase.
Pupillen: Sehschlitze in den Augen.
Revierverteidigung: Jedes Vogelpaar verteidigt durch Gesang und/oder bestimmtes Droh-/Kampf-Verhalten ein nach Arten verschieden großes Revier.
rezessiv (rezessive Vererbung): Im Gegensatz zu der dominanten: zurücktretend, in der F_1 nicht sichtbar.
Rivalen (Rivalität): Gegner im Wettbewerb um Nahrung, Weibchen, Brutraum usw.
Schreckmauser: Plötzliches schreckhaftes Verlieren vieler Federn auf einmal, meist des Großgefieders. Vergleichbar mit dem Schwanzverlust bei Reptilien.
selektiv (Selektionszucht): Im Sinne der Auslese auf bestimmte Merkmale (Größe, Farbe usw.).
Sepia: Tintenfischart, dessen kalkhaltige Rückenschale als Kalkspender für Vögel im Zoofachhandel erhältlich ist. Am Strand gefundene müssen wegen des hohen Kochsalzgehaltes mehrere Tage gewässert werden.
Sozialstunde: Eigenart vieler Prachtfinken, täglich zum Gesang und/oder zu gemeinsamer Gefiederpflege zusammenzukommen.
Spalterbigkeit (spalterbig): Ein Vogel kann in rezessiv vererbenden Farben usw. spalterbig sein, d. h. sie verdeckt in sich tragen und gegebenenfalls weiter vererben, obwohl er im Sichtbild (Phänotyp) anders aussieht.
symmetrisch: gleichmäßig, Gegensatz zu asymmetrisch (vergl. dort).
synthetisch: künstlich, auf chemischem Wege hergestellt.
Termiten: Tropische, Holz zerstörende Ameisen-Verwandte.
Test: Versuch, Erprobung, Prüfung.

UV-Strahlung: Die ultravioletten Strahlen des Sonnenspektrums aktivieren Vitamine im Körper organischer Lebewesen. Sie können auch künstlich über sog. „Höhensonnen“ zugeführt werden, jedoch ist bei der Anwendung auf Vögel wegen der Gefahr der Augenschädigung äußerste Vorsicht geboten.
Variationsbreite: Individuelle Unterschiede innerhalb einer Art oder Rasse.
Varietät: Abweichung von der Ausgangsform nach Größe, Farbe usw. als Mutation erblich, als Variation nicht unbedingt.
Verdrängungszucht: Züchterische Maßnahmen zur Unterdrückung unerwünschter Merkmale und/oder Eigenschaften.
Verdünnung (Melanine): führt zur Verblassung dunkler Gefiederfarben von Schwarz nach Grau, Braun usw.
Verlustmutation: Verlorengehen von notwendigen Eigenschaften für das Überleben in der Natur. Die meisten Mutationen sind irgendwie Verlustmutationen.
Waldgras: Besonders weiches Gras, wächst bevorzugt am Boden lichter Kiefernwälder.
Webefinken: Andere Bezeichnung für die mit den eigentlichen Webern verwandten Prachtfinken.
Waxbills: Englischer Name für Prachtfinken wegen der wie lackiert wirkenden, oft roten Schnäbel.
Yellow: Eigentlich gelb, wird symbolisch im Gegensatz zu „buff“ (vergl. dort) für kürzeres, feineres, daher leuchtenderes und glänzendes Gefieder angewandt. Bei vielen, auch wildlebenden Vogelarten lassen sich neben fließenden Übergängen ausgesprochene „Buff“- und „Yellow“-Typen unterscheiden.

Literaturverzeichnis

AZ/DKB-Einheitsstandard. Bochum (1979)

BENL, G.: „Vererbung". Kurze Einführung in die Grundlagen der allgemeinen Genetik. Minden (1969)

CAYLEY, N. W.: „Australian Finches in Bush and Aviary". Sydney (1932)

ENEHJELM, C. af: „Zebrafinker, Magerfinker og Risfugle". Kopenhagen (1965)

ENEHJELM, C. af, K. IMMELMANN und G. A. RADTKE: „Der Zebrafink". Sonderheft der „Gef. Welt" (1958)

IMMELMANN, Prof. Dr. K.: „Im unbekannten Australien". Pfungstadt/Darmstadt (1960)

IMMELMANN, Prof. Dr. K.: „Vergleichende Beobachtungen über das Verhalten domestizierter Zebrafinken in Europa und ihrer wilden Stammform in Australien". Z. f. Tierzucht (1962)

IMMELMANN, Prof. Dr. K.: „Vögel in Käfig und Voliere". 2. Bd., 2. Aufl. Prachtfinken (Herausgeber: Dr. J. STEINBACHER und Dr. H. E. WOLTERS). Aachen (1965ff.)

IMMELMANN, Prof. Dr. K.: „Der Zebrafink". Neue Brehm-Bücherei Wittenberg-Lutherstadt (1968)

JÖDICKE, Dr. R.: „Prachtfinken-Züchtung". Stuttgart 2. Aufl. (1984)

KLÖREN, H.: Zebrafinken – Fütterung, Unterbringung, Zuchtpraxis, Vererbung, Beschreibung von über 50 Farbschlägen, Leitfaden für die Zucht. Walsrode (1984)

KRAUSE, W.: Farbfilm über Australiens Vogelwelt im Selbstverlag (1975ff.)

NICOLAI, Dr. J.: „Käfig- und Volierenvögel". Das Vivarium, Stuttgart (1965)

RADTKE, G. A.: „Die Farbschläge des Wellensittichs". 10. Auflage Minden (1983)

RADTKE, G. A.: „Farbkanarien". 8. Auflage Minden (1982)

RADTKE, G. A.: „Positurkanarien und Mischlinge". 5. Auflage Minden (1982)

REQUATE, Dr. H.: „Die Federhaube bei Vögeln". Dissertation zur Erlangung der Doktorwürde. Zeitschrift f. wiss. Zoologie (1959)

RUSS, Dr. K.: „Die Fremdländischen Stubenvögel". Letzte neubearbeitete Auflage von K. NEUNZIG. Magdeburg (1921)

STEINER, Prof. Dr. H.: „Artspezifische Merkmalsphänokopien bei australischen Prachtfinken, insbesondere beim Zebrafinken", Taeniopygia castanotis. Arch. J. Klaus Stift. (1958)

UDAGAWA, T.: „Cage Birds in Natural Colour". Osaka (1969)

Zeitschriften

AZ-Nachrichten, 2860 Osterholz-Scharmbeck
Die Gefiederte Welt, Verlag Eugen Ulmer, 7000 Stuttgart
Geflügel-Börse, Verlag Jürgens KG, 8034 Germering
Kanarienfreund, Hanke-Verlag, 7530 Pforzheim
Die Voliere, Verlag M. & H. Schaper, 3000 Hannover
The Avicultural Magazine, GB Ascot, Berkshire

Register